JN075915

楽しくわかる、アルゴリズムのしくみと、
主要言語での書き方

アルゴリズムと プログラミングの 図鑑

第2版

森 巧尚——[作]
まつむら まきお——[絵]

マイナビ

本書のサポートサイト

本書のサンプルファイル、補足情報、訂正情報などを掲載します。
適宜ご参照ください。

http://book.mynavi.jp/supportsite/detail/9784839977092.html

はじめに

みなさんは、「アルゴリズム」に、どのようなイメージを持っていますか？
「なんだか難しそう」「ちょっとめんどくさそう」「がんばって覚えたよ。でもなぜ動くのかは、よくわかっていないなあ」などと感じておられる方はいるのではないでしょうか。

この本は、そんな方のための「アルゴリズムの考え方が、イメージでやさしくわかる入門書」です。

アルゴリズムは、コンピュータの中だけの特別なものではなく、私たちの仕事や生活の中でも使われています。なにかの問題を解決するときに、「問題を整理して、どのように進めていけば、欲しい結果が得られるだろうか」と考えていくことがあります。実はこれもアルゴリズムです。アルゴリズムとは『問題を解決するための手順』のことなのです。

この本では、
　このアルゴリズムは、「どのような考え方で」問題を解こうとしているのか？
　ここの手順は「何をしようとしている」のか？
といったことを、イラストや図を使って解説していきます。

難しそうに思えるアルゴリズムでも「意味」がわかれば、「私が問題を解決するときの考え方と似ているなあ」と、身近に感じることでしょう。

ですが、「頭の中で理解できただけ」では手ごたえがないので、実際に入力して試せるように、「8種類のプログラミング言語」でプログラムを用意しました。8種類というのは、一般的によく目にするだろうと思われるプログラミング言語です。
近頃、データ分析や人工知能で注目を集めている、Python。Webサイトの開発で使われているJavaScriptや、PHP。ハードウェアの開発で使われている、C。ゲーム開発環境のUnityで使われている、C#。Web関係や

基幹システムの開発などで使われている、Java。iPhoneやmacOSアプリの開発で使われている、Swift。 WordやExcelのマクロで使われている、VBA。これら8種類のプログラミング言語です。

「同じアルゴリズム」を、8種類のプログラミング言語で書いていますので、ぜひ、あなたが使っているプログラミング言語のプログラムで、試して実感してみてください。
また、「同じことをするプログラムが、違う言語で並んでいる」ので、比較してみると面白いこともわかります。「違うプログラミング言語だと思っていたけれど、わりと共通点が多いなあ」「他の言語には、こんな特長があるんだ」など、いろいろ気がつくことでしょう。もし、別のプログラミング言語を学習したいと考えておられるなら、この言語間の「共通点」や「違い」を知れば、理解しやすくなりますよ。

さあ、「アルゴリズムの意味」と「いろいろなプログラミング言語の世界」について学んでいきましょう。

2022年10月
森 巧尚

CONTENTS

第 1 章
アルゴリズムって なに？

アルゴリズムってなんでしょう。
プログラムとアルゴリズムの違いってなんでしょう。
アルゴリズムと人間との関係を知りましょう。

1.1
アルゴリズムとプログラミング

アルゴリズムってなに?

「プログラミング言語」はだいたい理解した、「開発環境の使い方」もだいたいわかった、なのにいざ自分でオリジナルのプログラムを作ろうとするとつまずいてしまった、という経験のある人は多いのではないでしょうか。

その原因は「アルゴリズム」が見えていないことかもしれません。

▼

「アルゴリズム」というと、抵抗を感じる人もいるのではないでしょうか。

「複雑なコンピュータのしくみ」とか「数式を組み合わせて作った、難解なもの」といったイメージがあるかもしれませんね。

でも、実はアルゴリズムはもっとみなさんの身近なものなのです。

「アルゴリズム」とは、ズバリ「問題の解き方」です。

▼

みなさんが、何かの問題を解決したいとき、「どんな考え方で解決するか?」「どんな手順で具体的に実行するか?」などと考えますよね。

これです。この、問題を解決するための「考え方と手順」が「アルゴリズム」なのです。

アルゴリズム ＝ 問題の解き方

ですから、「アルゴリズム（問題の解き方）」がわからなければ、いざ自分でプログラムを作ろうと思っても、プログラムはうまく作れないのです。

技術書ではよく、アルゴリズムは「数式」で書かれています。

しかし、アルゴリズムは「日本語」でも書けます。「書いた通りに実行して問題が解決できる」のであれば、それはれっきとしたアルゴリズムです。

また書き方は、数式や文章だけではありません。「フローチャート」という図式で描く書き方もあります。

アルゴリズムは、自分に合った方法で形にすればいいのです。

では「アルゴリズム」とはどんなものなのか、見ていくことにしましょう。

コンピュータを使う目的とは？

みなさんのまわりには、いろいろなコンピュータがありますね。パソコンやスマホやゲーム機、家電の中に入っていたりもします。

何のための使うのかは、人それぞれさまざまです。「データを検索したい」とか「データを集計したい」といったデータ処理だったり、「好きな曲を聴きたい」とか「ゲームで遊びたい」とか「3Dプリンタで立体物を作りたい」といったコンピュータのコントロールだったり。

ですが、もう少し大きな視点で見てみると、共通点が見えてきます。それは、すべて「問題を解決するために」動かしているということです。

「問題」というと大げさなので「人の欲求」と言い換えた方がわかりやすいかも知れません。

「データを検索したい」「集計したい」「曲を聴きたい」「ゲームで遊びたい」「3Dプリンタで立体物を作りたい」

これらはみんな人の欲求です。いろいろなコンピュータは、すべて「人の欲求を満たすために動いている」のです。

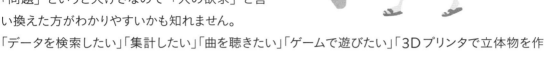

コンピュータを使う目的 ＝ 問題を解決すること（人の欲求を満たすこと）

プログラムとは？

問題を解決するために、コンピュータを動かします。このときコンピュータは「プログラム」で動きます。「いろんな種類のプログラム」があるから、コンピュータは「いろいろなこと」ができるのです。

この「プログラム」とは、いったいなんでしょうか？
それは、「プログラム（program）」の語源を知ると少しわかります。
「program」とは、「pro（前もって）」という言葉と、「gram（書いたもの）」という2つの言葉でできた言葉です。つまり、プログラムとは「前もって、書いたもの」という意味なのです。

> プログラム ＝ 前もって、書いたもの

日常生活でも「プログラム」が使われることがあります。「コンサートのプログラム」とか「運動会のプログラム」とか「ダイエットのプログラム」などいろいろありますね。
これらの「プログラム」にも同じ意味があります。それは「これからする予定が、前もって書かれている」ということです。
コンピュータのプログラムも同じです。「これからコンピュータが行うことが、前もって書かれたもの」です。決して、理解不能な呪文が並んだものなどではないのです。

> コンピュータのプログラム ＝ コンピュータが行うことを、前もって書いたもの

アルゴリズムとは?

コンピュータは、プログラムに書かれた通りの命令を実行して、問題を解決します。では「書かれた通りに命令を実行するだけ」で、なぜ問題を解決できるのでしょうか?

もしも「ただ適当に命令が並んでいるだけのプログラム」だったら、問題を解決することはできません。ちゃんと問題が解けるように書かれているから、問題が解けるのです。

つまり、プログラムで重要なのは「問題の解き方」です。

そして、この「問題の解き方」こそが「アルゴリズム」なのです。

> アルゴリズム ＝ 問題の解き方

アルゴリズムを考えて…　プログラムを記述して…　コンピューターで実行

しかし、初心者のうちはアルゴリズムというものを意識されることは少ないようです。ときには、「プログラムはわかるけど、アルゴリズムって必要なの?」などと思われることもあるようです。

例えば、初心者向けのプログラミングの本などを見ると、アルゴリズムなんて考えなくても、プログラムが作れてしまいます。ネット上でプログラムを見つけたら、コピー＆ペーストしても動くプログラムは作れます。ですがそれは、用意されたアルゴリズムを書き写している状態であって、「問題の解き方」を理解しているわけではありません。

コピー＆ペーストしたプログラムを改造しようとして一部分を書き換えたら、思ったように動かなくなってしまったなんて経験はありませんか？　「アルゴリズム（問題の解き方）」がわかっていない状態では、プログラムを作ろうとしても、うまくいかないことがあるのは当然です。

アルゴリズムとは問題を解く「考え」、プログラムとはそれを前もって書き表す「言葉」です。「考え」と「言葉」の両方が正しくそろわないと、コンピュータは思った通りに動いてくれないのです。

> プログラムを作ること ＝ アルゴリズムを考える ＋ プログラミング言語で記述する

プログラミングに関する用語

プログラムに関するいろいろな言葉があります。ここで確認しておきましょう。

プログラム	＝	コンピュータが行うことを前もって書いたもの
アルゴリズム	＝	問題の解き方
プログラミング	＝	プログラムを作ること（アルゴリズムを考えて、プログラムを記述すること）
プログラマ	＝	プログラムを作る人（アルゴリズムを考えて、プログラムを記述する人）
プログラミング言語	＝	プログラムを作るのに使う言語
ソースコード	＝	人間が記述した状態のプログラム
バイナリコード	＝	人間が記述したプログラムをコンピュータが実行できる状態にしたもの
コーディング	＝	プログラムを記述すること
コーダー	＝	プログラムを記述する人
コンパイラ	＝	ソースコードをバイナリコードに変換するしくみ
インタプリタ	＝	ソースコードをバイナリコードに変換しながら実行するしくみ

1.2
アルゴリズムを考えよう

それでは、「アルゴリズム」は、どのように考えればいいのでしょうか?
コンピュータの設計図なので、コンピュータみたいな頭脳を持った人間でないと作れないのでしょうか。

そうではありません。「アルゴリズムを考える」ということは、「問題の解き方を考える」ということです。
普通の人が日常生活の中で「問題解決をするのと同じこと」をすればいいのです。

問題は、整理して考える

「問題を解決する」にも、ぼんやりと考えていては考えがまとまりません。まずは、わかっている部分
をハッキリさせて、「整理していくこと」が重要です。
アルゴリズムを考えるときも同じです。いきなりアルゴリズムを考えるのではなく、まずわかっている部
分をハッキリさせて整理していきましょう。
アルゴリズムを考えるときに重要なのは、
1) 目的
2) 現状
3) 結果
の3つをハッキリさせることです。

目的・問題点 　 現状 　 アルゴリズム 　 結果

■ 1）目的

まずは「何が目的なのか」をハッキリさせることが重要です。

当たり前のことのように思えますが、なんとなくハッキリさせないままプログラミングを始めてしまうことはありがちです。

ここをハッキリさせずに作ってしまい、目的がブレてしまうと、「使えないプログラム」になってしまいます。

目的・問題点

■ 2）現状

「現状がどうなっているか」を把握することも大事です。

どういう状態かわからないままでは、解決のしようがありません。

どんなデータがあるのか、どういう前提条件があって解決しようとするものなのか、をハッキリさせます。

コンピュータではこれを、「インプット」といいます。

現状

■ 3）結果

「どんな結果が欲しいのか」をハッキリさせます。

値が一つ出力されればいいのか、たくさんのデータとして出力するのか、絵やアニメーションとして表現されるべきなのか、結果といってもいろいろな形態があります。

コンピュータではこれを、「アウトプット」といいます。

結果

▼

これら「目的」「現状」「結果」をハッキリさせることで、考えなければならない部分が絞られます。

▼

「現状（インプット）」から、何をどうすれば、「求める結果（アウトプット）」になるのか、という部分に注目して考えることができるようになります。

「目的」

↓

「現状（インプット）」

↓

「どう処理すれば、結果が得られるか？（アルゴリズム）」

↓

「結果（アウトプット）」

↓

「問題解決」

ライブラリは「先人の知恵」

問題を整理できたら、いよいよ「アルゴリズム（問題の解き方）」を考えます。

ですが、最初から自分で「アルゴリズム」を考えるのは、簡単なことではありません。難しいときは、他の人が作った「アルゴリズム」を利用しましょう。

人間が生きているうちに出会う問題には、似たようなものがたくさんあります。そして、すでに昔の人たちも同じような問題を解決して乗り越えてきました。

その「昔の人たちが作った問題を解決する方法」のことを「先人の知恵」と言います。

囲碁や将棋で定番の問題を解決する方法を「定石」といったり、おいしい料理を作りたいという問題を解決してくれる方法を「レシピ」といったりしますが、これらもみな「先人の知恵」です。

コンピュータのアルゴリズムでも、「先人の知恵」を借りる方法があります。それが「ライブラリ」です。

これまで多くの先輩たちが、プログラムを作る上で同じ問題に出会い、いろいろな方法で問題解決が行われました。その中で、特に効率がよくて使いやすい「アルゴリズム」をまとめたものが「ライブラリ」なのです。

ライブラリを使うときは、ぜひ作ってくれた先人たちに感謝しましょう。

アルゴリズムを自分で作ろう!

しかし、ライブラリだけで、すべての問題を解決できるわけではありません。今までになかった「新しい問題」や、個別案件などの「細かい問題」はライブラリだけでは対応できなません。自分でアルゴリズムを考えましょう。

このようなときは、「いろいろなアルゴリズムを理解していること」が重要になります。

複雑なアルゴリズムも、実は多くの場合「いろいろなアルゴリズムの組み合わせ」でできています。初めて見ると、どうしてこんな難しいことが考えられるのだろうと感じますが、整理して見ていくと、アルゴリズムはいくつかのアルゴリズムを組み合わせてできていることがわかってきます。

> アルゴリズムは、アルゴリズムの組み合わせで作ることができる

例えば、ゲームの世界では「アイテムとアイテムを合成する」と新しいアイテムを作ることができます。「強化されたアイテム」ができたり「新機能のアイテム」ができたりします。

同じように、アルゴリズムも組み合わせると、「強化されたアルゴリズム」ができたり「新機能のアルゴリズム」を作ることができるのです。

「アルゴリズムを組み合わせて、新しいアルゴリズムを作る」という知恵はうまく利用しましょう。

どのように組み合わせてアルゴリズムができるかについては、この本の後半で説明していきます。

また、必ずしも組み合わせる必要はありません。ある「アルゴリズムのしくみ」をヒントにして、別の新しいアルゴリズムを考え出せる可能性もあります。

ぜひ、「いろいろなアルゴリズムのしくみ」を理解して、「アルゴリズムの本質」を身につけましょう。

いろいろなアルゴリズム

それでは、どんなアルゴリズムがあるのか、よく使われるアルゴリズムのダイジェストを見ていきましょう。

ソート（整列）アルゴリズム

「たくさんのデータを順番に並べたい」という問題を解決するアルゴリズムです。

たくさんのデータを扱うときに、まず必要になる基本的なアルゴリズムです。例えば、データベースのデータを指定した順番で表示させたり、Excelでデータを整列させたり、ファイルがたくさんあるときに日付順やサイズ順で並べ直したり、いろいろなところで使われています。

サーチ（探索）アルゴリズム

「たくさんのデータの中から、目的のデータを見つけたい」という問題を解決するアルゴリズムです。

これもたくさんのデータを扱うときに、必要になるアルゴリズムです。データを検索するといえばGoogleやYahoo!などの検索サイトが有名ですが、ここでもサーチアルゴリズムが使われています。

経路探索アルゴリズム

「出発地点から到着地点へ、どの道が最短路なのか知りたい」という問題を解決するアルゴリズムです。
これは「カーナビ」や「乗換案内」で利用されています。所要時間が短い順、乗換回数が少ない順、料金が安い順、など重み付けによって求める最短路を変えることができます。

暗号化アルゴリズム

「データを他人に盗まれたり、変更されては困る」という問題を解決するアルゴリズムです。
他人に読まれたり変更されたりできないような形式に変換します。個人情報や企業情報のセキュリティに重要なアルゴリズムです。

データ圧縮アルゴリズム

「大きなデータは通信や保存が大変なので、一時的に小さくしておきたい」という問題を解決するアルゴリズムです。
画像を圧縮させるJPEG圧縮や、ファイルサイズを小さくするためのZIP圧縮などがあります。圧縮したデータはそのままでは使えないので、解凍してから使います。

レイトレーシングアルゴリズム

「写真のようにリアルな3Dコンピュータグラフィックスを描きたい」という問題を解決するアルゴリズムです。
光が物体に当たってどのように反射したり、通過したり、屈折したりするかなどを考慮して描画を行うので、リアルで美しい画像を作れます。

いろいろな
プログラミング言語

世界にはいろいろなプログラミング言語があります。
それぞれの言語の特徴、用途、動作環境、誕生時期、開発者、
名前の由来などについて解説します。

2.1
いろいろなプログラミング言語

いろいろなプログラミング言語

それでは少し「プログラミング言語の種類」について目を向けてみましょう。
（プログラミング言語の種類のことは知っているよ、という人は第3章へ進んでもいいですよ。）

▼

世の中にはプログラミング言語が、いろいろ存在しています。
いろいろあると勉強するのが大変なのでひとつに統一して欲しいように思えますが、どうしていろいろな言語があるのでしょうか。
それは、「使う目的」が違うからです。そして言語によって「得意な分野」に違いがあるからです。
事務処理の得意なプログラミング言語で面白いゲームを作るのは難しいですし、初心者向けのプログラミング言語で高度な科学計算を行うのは無理があります。
いろいろなプログラミング言語があるのは、それぞれの目的のために専門化していったからなのです。

プログラミング言語年表

いろいろなプログラミング言語の誕生を、時代を追って見ていきましょう。
新しい目的ができることでプログラミング言語が生まれたり、逆にプログラミング言語が生まれることで新たな世界が生まれてきました。

▼

初期のコンピュータは大型コンピュータで、研究所や企業で使われていました。ですので、科学計算向けにFORTRAN、人工知能向けにLISP、事務処理向けにCOBOLという言語がありました。その後、初心者向けにBASIC、ハードウェアやOS向けにCができたことで、個人向けのパーソナルコンピュータが登場しました。

▼

パソコンが普及して個人が使い始めるようになると、さらに使いやすい言語が求められるようになりました。Mac向けにObjective-Cが生まれ、BASICからWordやExcelの作業を自動化させる言語としてVBAが生まれました。この他にも、数多くのプログラミング言語が生まれ、だんだん専門的で複雑化していきました。そこで、シンプルな言語でプログラミングができるようにとPythonができました。Pythonは最近注目を集めていますが、こんな昔からあったんですね。

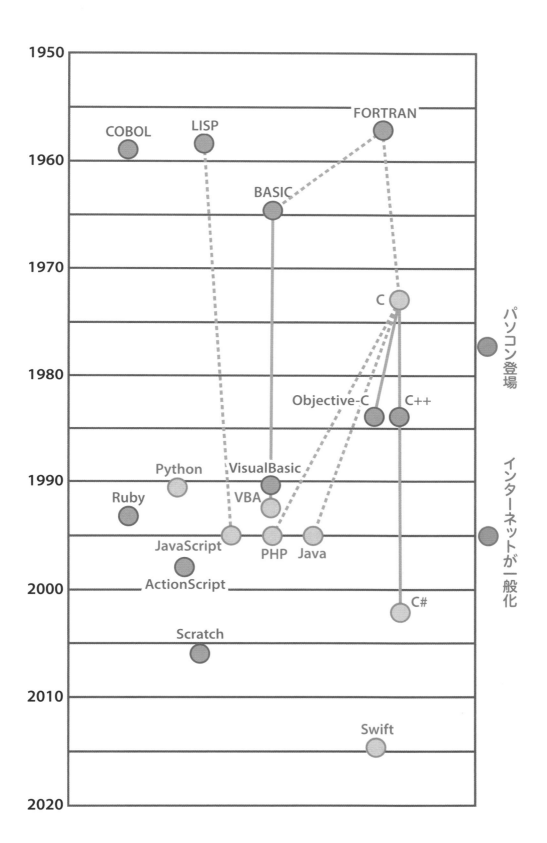

1950

COBOL   LISP   FORTRAN

1960

                    BASIC

1970

                                        C   パソコン登場

1980

                        Objective-C   C++

            Python   VisualBasic
Ruby   VBA
                                                    インターネットが一般化
        JavaScript   PHP   Java
1990

        ActionScript
2000
                                        C#

        Scratch

2010

                            Swift

2020

インターネットが一般化し始めると、インターネットに適した言語が登場してきました。サーバ向けに Java や PHP、Ruby、ブラウザ向けに JavaScript や ActionScript などができました。

その後、C は C++ へと進化した後さらに C# へと進化しました。C# は、現在スマートフォンゲーム開発で多く使われている Unity で使用されている言語です。

スマートフォンが普及しはじめると、iOS アプリを開発しやすくするために Swift ができました。

このようにプログラミング言語は、新しい目的ができるたびに、それに適した言語が生まれてきたのです。

プログラミング言語実行環境マップ

「使う目的」によってプログラミング言語は変わりますが、それは「実行する場所の違い」にも影響しています。プログラムはそれぞれ「最も適した場所」で実行されるのです。

Python はいろいろなコンピュータで動くようにできた言語なので、Windows や Mac、Raspberry Pi などで動きます。

JavaScript はブラウザ向けの言語なので、パソコンのブラウザ上で動きます。

PHP はサーバ向けの言語なので、サーバの上で動きます。

C はハードウェアや OS 向けの言語なので、組み込み機器やパソコンの上で動きます。

C# はゲームエンジンの Unity で使われていて、パソコンやスマホ上のゲーム開発で使われています。

Java は仮想マシンのあるいろいろなコンピュータで動くようにできた言語なので、組み込み機器やパソコンや、サーバや、Android の上で動きます。

Swift はアップルのソフト用にできた言語なので、iPhone や iPad、Mac、Apple Watch、Apple TV などで動きます。

VBA はマイクロソフトの Office 製品の上で動きます。

プログラミング言語によっていろいろ違いがあります。これらについて、もう少し詳しく見ていきましょう。

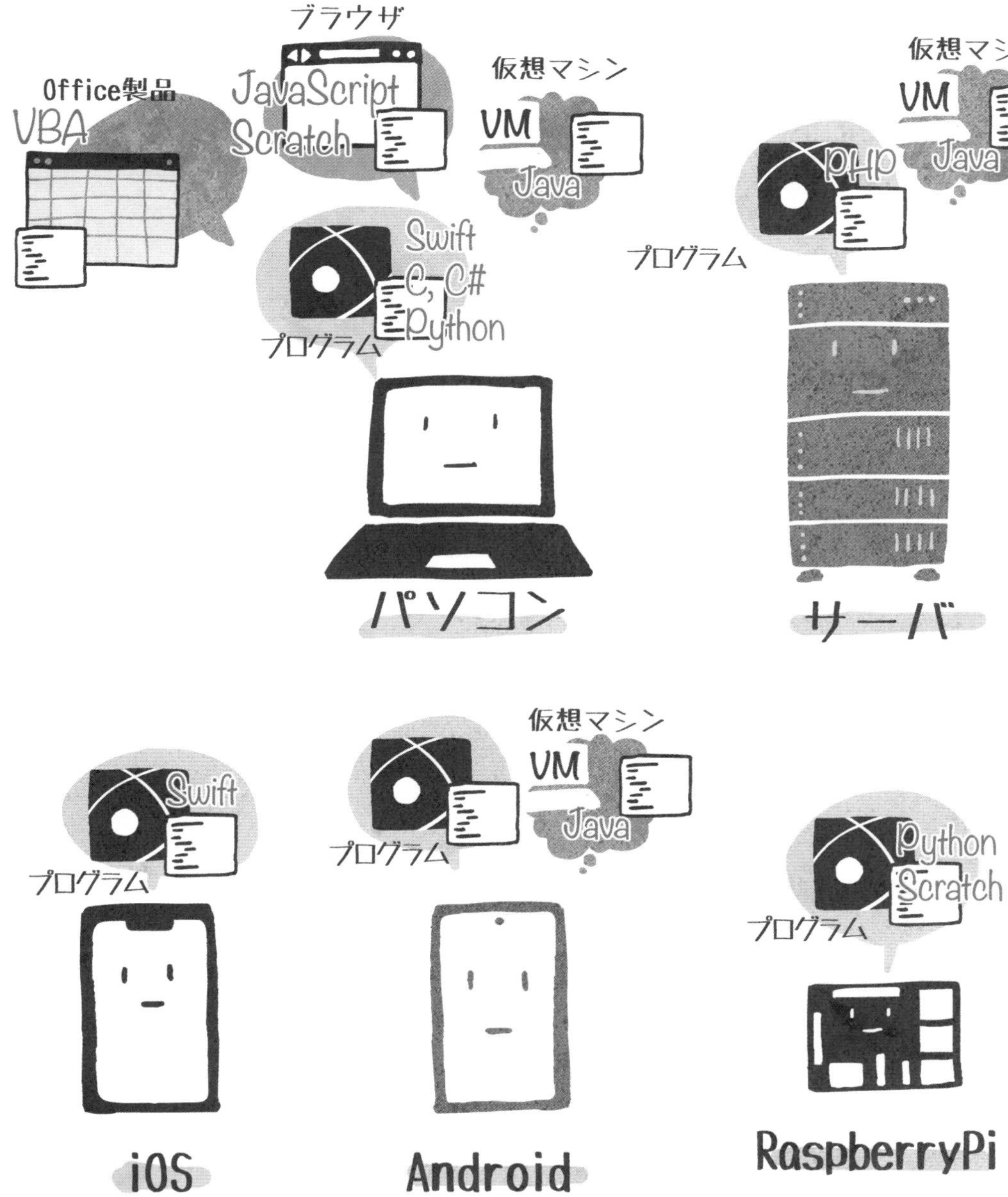
ブラウザ
Office製品
VBA
JavaScript
Scratch
仮想マシン
VM
Java
Swift
C, C#
Python
プログラム
パソコン
仮想マシン
VM
Java
PHP
プログラム
サーバ
Swift
プログラム
iOS
仮想マシン
VM
Java
プログラム
Android
Python
Scratch
プログラム
RaspberryPi

2.2
Python
パイソン

Python言語とは?

Python言語は、数値計算が得意な、「シンプルなプログラミング言語」です。
GoogleやNASA、ピクサー、YouTubeやDropboxなどで使われていて、「シンプルで読みやすいコードが書ける」という設計思想の元で作成されたプログラミング言語です。
一般的なプログラミング言語は書いた人によって違いが生まれやすいのですが、Pythonは違いが生まれにくく、誰が書いても同じようにプログラムを書ける言語なのです。

計算に強い言語なので、ビッグデータの解析や、人工知能の研究などに重要な言語です。
利用可能なライブラリが豊富にあるのも特徴です。

実行環境

基本的にUNIXの上で動きますが、パソコンや小さなパソコンRaspberry Piの上でも動きます。MicroPython（Pythonを小型化したもの）であれば、マイコンモジュールのM5Stackの上でも動きます。

Python
パソコンなどの上で動きます。

パソコン　RaspberryPi　M5Stack

開発環境例

Python言語は、スクリプト言語なので、普通のテキストエディタだけで開発できます。
Pythonを[https://www.python.org]からダウンロードして、WindowsやMacにインストールすれば、「コマンドプロンプト」や「ターミナル」で実行できます。Pythonをインストールすると、「IDLE」というPythonを簡単に使えるアプリもインストールされます。最初のうちはこれで動作確認などをするとよいでしょう。
また、小さなパソコン「Raspberry Pi（ラズベリーパイ）」の中のRaspbian（ラズビアン）というOSにインストールされているので、そのまますぐ使うことができます。

■ 開発手順の例

① テキストエディタで、Pythonのプログラムを記述して、ファイルを保存しましょう。
② ターミナルアプリやコマンドプロンプトで「python ファイル名」と入力
すると、実行されます。

Python

プロフィール

▶ **登場時期**
1991年、オランダのグイド・ヴァンロッサム氏によって作られました。

▶ **得意な分野**
数値計算が得意で、ビッグデータの解析や、ディープラーニングの研究に向いています。

▶ **名前の由来**
作者がBBCの有名なコメディ番組「空飛ぶモンティ・パイソン」からつけられたと言われています。また「ニシキヘビ」という意味もあるので、Pythonのアイコンにはニシキヘビの絵が使われています。

▶ **メリット**
言語仕様が少なくシンプルなので、他人が書いたプログラムを理解しやすく、初心者にやさしい言語です。短く書けるのに奥が深いという数学的な魅力もあります。
誰が書いても同じようなプログラムになりやすいので、初心者にも理解しやすいですし、情報の共有がしやすい言語です。

▶ **デメリット**
インタプリタ言語なので、実行速度が遅いと言われています。ですが、アップデートなどで少しずつ高速化の改良も行われているようです。

文法の特徴

Python言語には大きな特徴があります。それは、くり返しなどの「ブロック処理をインデント（字下げ）で指定する」というところです。ブロック処理の範囲が、他の言語のように括弧で囲まれているわけではなく、ただインデントされているだけなので気をつけましょう。また、くり返し処理の指定は範囲指定で行います。

2008年に、Python 3が登場しました。この本では、Python 3を使って解説していきます。

主な文法

変数	`<変数名> = <値>`
配列	`<配列名> = [<値>, <値>, <値>,...]`
配列の個数	`len(<配列名>)`
値の表示	`print(<値>, <値>,...)`

条件分岐	`if <条件式1>:`
	    `<条件1が成立するときの処理>`
	`elif <条件式2>:`
	    `<条件式2が成立するときの処理>`
	`else:`
	    `<条件が成立しないときの処理>`

くり返し	`for i in range(<くり返し回数>):` `<くり返し処理>`
降順のくり返し	`for j in range(<最後の値>, <最初の値>, -1):` `<くり返し処理>`
1行コメント	`# <コメント>`

2.3
JavaScript
ジャバスクリプト

JavaScript（ジャバスクリプト）言語とは？

JavaScript 言語は、Web ブラウザ向けにできたプログラミング言語です。
ほとんどの Web サイトで JavaScript が使われているので、ユーザーは気がつかないうちに JavaScript のプログラムを利用しています。「とても身近なプログラミング言語」ですね。ボタンを押したらポップアップを表示したり、フォームの入力チェックを行ったり、表示画像をランダムに変えたり、といったブラウザ上でのちょっとした挙動は JavaScript によって実現されているのです。
古くからある LISP 言語の影響を受けてできた関数型プログラミング言語です。名前が Java と似ていますが、Java とは考え方の違う言語です（Java や C や BASIC などほとんどのプログラミング言語は手続き型プログラミング言語です）。とはいえ、自由度が高いのであまり難しく考えることなく使えるやさしい言語でもあります。登場当時 Java が注目を浴びていたのにあやかって、JavaScript と名付けられました。
もともとは、Web ブラウザ向けにできたプログラミング言語です。ですが、最近はサーバ側で動作する Node.js といった JavaScript も出てきています。

実行環境

Web ブラウザ上で動きます。

開発環境例

JavaScript言語は、スクリプト言語なので、普通のテキストエディタだけで開発できます。
Visual Studio CodeやSublimeText、Vim、BracketsといったJavaScriptに適したエディタもあります。
HTML内の <script> 〜 </script> の中にプログラムを記述して作ります。

■開発手順の例
① テキストエディタで、HTMLファイルにJavaScriptプログラムを記述しましょう。
② HTMLファイルをWebブラウザで開けば、JavaScriptプログラムが実行されます。

簡単な動作確認なら、Google Chromeだけで行うこともできます。Macの場合メニューから［表示］
→［開発 / 管理］→［JavaScriptコンソール］で画面の右側にJavaScriptを入力する画面が表示されます。Windowsの場合はメニューアイコンをクリックして、表示されたメニューから「その他のツール」→「デベロッパーツール」を選んでデベロッパーツールを表示させ、
「Console」メニューをクリックするとコンソールが表示されます。ここにJavaScriptを入力してEnterキーを押すだけで、試すことができます。

プロフィール

▶ **登場時期**
1995年、ネットスケープ社のブレンダン・アイク氏によって作られました。

▶ **得意な分野**
ブラウザ上で動くWebアプリの開発や、ちょっとしたしかけの実装に向いています。

▶ **名前の由来**
開発当初は、LiveScriptと呼ばれていましたが、当時Javaが大きな注目を浴びていたのでJavaScriptに変更されました。

▶ **メリット**
Web系の開発には欠かせないプログラミング言語で、フロントエンドエンジニアには必須です。
多くのライブラリがあり、手軽に利用できるのが魅力です。Webブラウザが実行環境なので、特別なソフトを使うことなく、テキストエディタで手軽に開発できます。作ったプログラムファイルは、Webブラウザで開くだけで動作させることができます。

▶ **デメリット**
Webブラウザ上で動作させる言語なので、あまり重いデータ処理は苦手です。基本的にはどのブラウザでも動きますが、ブラウザの種類によって少し挙動が変わることがあります。

第2章　いろいろなプログラミング言語

文法の特徴

JavaScript言語は、オーソドックスで初心者にもわかりやすい文法です。

値を表示させるとき、開発中は「**console.log()**」を使って別ウィンドウに表示させることもできますが、通常実行時に表示させるには「**document.writeln()**」でHTML上に表示するか、「**alert()**」でダイアログを出して表示させます。

主な文法

変数	`<変数名> = <値>;`
配列	`<配列名> = [<値>, <値>, <値>,...];`
配列の個数	`<配列名>.length`
値の確認	`console.log(<値>);`
値の表示	`document.writeln(<値>, <値>,...);` または、`alert(<値>);`

条件分岐
```
if (<条件式1>) {
    <条件式1が成立するときの処理>
} else if (<条件式2>) {
    <条件式2が成立するときの処理>
} else {
    <条件が成立しないときの処理>
}
```

くり返し
```
for (i = 0; i< <くり返し回数>; i++) {
    <くり返し処理>
}
```

降順のくり返し
```
for (j = <最後の値>; j > <最初の値>; j--) {
    <くり返し処理>
}
```

1行コメント
```
// <コメント>
```

複数行コメント
```
/*
<コメント>
 */
```

2.4
PHP
ピーエイチピー

PHP言語とは?

PHP言語は、サーバ向けにできたプログラミング言語です。

やさしい言語なので、初心者でもすぐに理解することができます。

Webサイトで使われるという点はJavaScriptと似ていますが、動作する場所がJavaScriptは「ブラウザの上」、PHPは「サーバの上」という大きな違いがあります。

PHPプログラムはWebサーバに置いて使用します。ネットでつながっているいろいろな人のリクエストに応える「はたらき者のプログラミング言語」ですね。ブラウザからリクエストすると、Webサーバ上でPHPプログラムが実行され、その結果をブラウザに返します。

資料や、商品データなど、多くのデータをサーバ上に用意しておいて、ユーザーがそのデータを利用するようなときに使われます。

WordPressでも使われています。Webサーバ上にはサイトを表示するためのデータベースがあって、ユーザーのリクエストがあると、Webサーバが表示するページを作り、ブラウザ上に表示するのです。

実行環境

PHPが動くパソコンや、サーバの上で動きます。

開発環境例

PHP言語は、スクリプト言語なので、普通のテキストエディタだけで作ることができます。
JavaScriptと同じように、HTML内の <?php ~ ?> の中にプログラムを記述します。
ただし、処理はサーバ側で行われるため、プログラムを動かすためにはHTMLファイルをサーバにアップロードしておく必要があります。PHPはほとんどのレンタルサーバで実行できるので、レンタルサーバを借りていればすぐに試すことができます。また、XAMPP（シャンプ）やMAMP（マンプ）などを使えばサーバを用意しなくてもローカルで実行環境を整えることができます。これで試してもよいでしょう。

■ 開発手順の例

① テキストエディタで、HTMLファイルにPHPプログラムを記述しましょう。
② HTMLファイルをPHPの動くサーバにアップロードします。
③ Webブラウザでサーバ上のHTMLファイルを開けば、PHPプログラムが実行されます。

プロフィール

▶ **登場時期**
1995年、ラスマス・ラードフ氏によって作られました。

▶ **得意な分野**
サーバ側で動くWebシステムや、WordPressなどのCMSのカスタマイズに向いています。

▶ **名前の由来**
個人的なホームページ（Personal Home Page）の頭文字からつけられたと言われています。正式な名称は「PHP：Hypertext Preprocessor」です。

▶ **メリット**
Webサービスを開発するための言語として作成されたので、データベースへのアクセスや文字列の処理といった、Webサービスでよく使う処理を簡単に記述できるという長所があります。敷居が低く、初心者におすすめです。ライブラリも豊富にあります。

▶ **デメリット**
実行速度はあまり速くありません。ツギハギで進化してきた言語なので、最近のスマートなプログラムは作りにくい傾向にあります。

文法の特徴

PHP言語は、変数や配列の名前に「$」をつけるという独特な文法でできています。

データの種類が数字か文字かといったデータ型をあまり意識することなく使えるので、優しく使える言語です。

変数1つ1つの値を表示させるときは、「echo」や「print()」や「printf()」で表示できます。配列の値を表示させるときは、「print_r()」を使うと、中身をまるごと表示させられます。

主な文法

変数	`$<変数名> = <値>;`
配列	`$<配列名> = array(<値>, <値>, <値>,...);`
配列の個数	`count($<配列名>)`
値の表示	`echo <値>;` または `print(<値>);` または `printf(<文字フォーマット>, <値>);` または `print_r(<値>);`
値の表示	`document.writeln(<値>, <値>,...);` または、`alert(<値>);`

条件分岐	`if (<条件式1>) {`
	　　`<条件式1が成立するときの処理>`
	`} else if (<条件式2>) {`
	　　`<条件式2が成立するときの処理>`
	`} else {`
	　　`<条件が成立しないときの処理>`
	`}`

くり返し	`for ($i = 0; $i < <くり返し回数>; $i++) {`
	　　`<くり返し処理>`
	`}`

降順のくり返し	`for ($j = <最後の値>;$j > <最初の値>;$j--) {`
	　　`<くり返し処理>`
	`}`

1行コメント	`// <コメント>` または `# <コメント>`

複数行コメント	`/*`
	`<コメント>`
	` */`

2.5
C

シー

C言語とは?

C言語は、ハードウェアやOS向けのプログラミング言語です。
古くからある言語で、数多くのプログラミング言語の元になりました。

C++やC#、Objective-Cなどいろいろな言語へと進化していきました。また、Javaなど多くの言語にも影響を与えています。

昔からある言語なので、最近主流の言語に比べると、やや古い感じはありますが、ハードウェアに近いところを扱う言語なので高速なプログラムを作れます。OSや組み込み機器と呼ばれる家電やロボット、ゲーム機のゲーム開発などに使われています。「技術屋さんにはかかせないプログラミング言語」ですね。

実行環境

パソコンや組み込み機器の上で動きます。

開発環境例

C言語はコンパイルを行って実行ファイルを作る必要があるので、Microsoft Visual Studioや
Xcodeなどの「開発環境」が必要です。

■ 開発手順（Windows）の例
① Microsoft Visual Studioを起動して、Visual C++の新規プロジェクトを作りましょう。
② C言語でプログラムを記述します。
③ メニューから［ビルド］を選択し、［開始］を選択すると、実行されます。

■ 開発手順（Mac）の例
④ Xcodeを起動して、新規プロジェクトを作りましょう。［macOS］▶［Command Line Tool］を選
　 択し、LanguageでCを選択します。
⑤ C言語でプログラムを記述します。
⑥ メニューから［Product］▶［Run］を選択すると、実行されます。

プロフィール

▶ **登場時期**
1972年、米国AT&Tベル研究所のブライアン・
カーニハン氏と、デニス・リッチー氏によって作
られました。

▶ **得意な分野**
パソコン上で動くソフトや、業務システム、組み
込み機器で動くソフトの開発に向いています。

▶ **名前の由来**
C言語以前にあったB言語の後継として開発
されたためC言語と言われています。（B言語
は、その前にあったBCPL言語を元に作られた
のでB言語と言われています。）

▶ **メリット**
処理速度が速いのが特長です。メモリにアクセ
スできるので高速なプログラムが作れ、メモリ
の少ない組み込み機器にも向いています。

▶ **デメリット**
多くのことをプログラマが書かないといけない
ので、難易度の高い言語です。プログラムの記
述量も多くなりがちです。メモリの確保やポイ
ンタ操作などを正しく理解しないで書いてしま
うとすぐ暴走してしまいます。

文法の特徴

C言語の特徴は、メモリ管理を行う必要があるところと、オブジェクト指向などの大規模なプログラムを作るのに便利な技法がないことです。

配列の個数を調べる命令がなかったり、変数、配列を作るときにデータ型を指定する必要があったり、プログラマーがしっかり考えて作る部分が多くあります。

主な文法

変数	変数の型 <変数名> = <値>;
配列	配列の型 <配列名>[] = {<値>, <値>, <値>,...};
配列の個数	sizeof(<配列名>)/sizeof(配列の型);
値の表示	printf(<文字フォーマット>, <値>);

条件分岐	if (<条件式1>) {
	    <条件式1が成立するときの処理>
	} else if (<条件式2>) {
	    <条件式2が成立するときの処理>
	} else {
	    <条件が成立しないときの処理>
	}

くり返し	for (int i = 0; i < <くり返し回数>; i++) {
	    <くり返し処理>
	}

降順のくり返し	for (int j = <最後の値>; j > <最初の値>; j--) {
	    <くり返し処理>
	}

1行コメント	// <コメント>
複数行コメント	/* <コメント> */

2.6

C#

シーシャープ

C# (シーシャープ) 言語とは?

C#言語は、2000年にマイクロソフト社によって開発されたプログラミング言語です。

C#言語のもとになったC言語は、1972年に作られたプログラミング言語です。これを拡張し、オブジェクト指向を追加して、C++（シープラスプラス）言語が開発されました。このC++言語とJava言語の両者のいいところを取り入れて、さらに新しく作られたのがC#言語です。C++のエンジニアにも、Javaのエンジニアにも使いやすいプログラミング言語になりました。

C#は、WindowsアプリだけでなくMacやスマホ向けのアプリ開発にも使われていますが、ゲーム開発エンジンの「Unity」で使用されていて、ゲーム開発現場でも活用されている言語です。

実行環境

パソコン上で動きます。

開発環境例

C#言語を扱うには、Microsoft Visual Studio などの「開発環境」が必要です。

■開発手順の例

① Microsoft Visual Studioを使う場合、インストール時に「.NET デスクトップ開発」と「ユニバーサル Windows プラットフォーム開発」などをインストールします。

② Microsoft Visual Studioを起動して、「新しいプロジェクトの作成」を選択し、「コンソールアプリ（.NET Framework）」（C#、Windows、コンソール）を選択して、新しいプロジェクトを作りましょう。

③ C#言語でプログラムを記述します。

④ メニューから［デバッグ>デバッグなしで開始］を選択すると、実行されてコンソールに結果が表示されます。

プロフィール

▶ **登場時期**
2000年、マイクロソフト社によって作られました。

▶ **得意な分野**
アプリ開発やスマホアプリ開発や、ゲーム開発で使われています。

▶ **名前の由来**
プログラムでは、「++（インクリメント演算子）」は「値を1つ増やす」という意味を持っています。「C++」は、「C」を一歩進めた言語という意味で「C++（シープラスプラス）」という名前がつけられました。
この「C++」を改良して作られた言語には「C++」を「++」して進めた「C++++」という名前が考えられたのですが、これでは読みにくく、4つの「+」を組み合わせると「#」になるところから「C#（シーシャープ）」という名前になりました。

▶ **メリット**
C#は、Windows アプリだけでなくMacやスマホ向けのアプリ開発もできます。また、Unityで扱えるプログラミング言語は現在C#のみです。そのためいろいろな分野で活用できます。また、Cに比べてプログラミングの習得がやさしいというメリットもあります。

▶ **デメリット**
C#は、基本的にVisual Studioなどで開発しますが、開発環境の容量が多いため、低スペックPCでは開発が厳しいというデメリットがあります。また、コンパイル型言語のためコンパイルが完了するまでに時間がかかり、簡単なプログラムでも実行するのに時間がかかります。

文法の特徴

C#言語の書き方は基本的にはC言語と似ています。しかし、C++言語のいいところと、Java言語のいいところを取り入れて書きやすくなっています。

値の表示には、「Console.Write()」などを使い、文字列の中に{0}{1}などと書いて、カンマで区切った後に変数を並べて使います。実行すると、{0}に最初の変数の値が、{1}に次の変数の値が表示されます。

主な文法

変数	変数の型 <変数名> = <値>;
配列	配列の型 <配列名>[] = {<値>, <値>, <値>,...};
配列の個数	<配列名>.Length
値の表示	Console.Write("{0}{1}...", <値>,<値>,...);

条件分岐

```
if (<条件式1>) {
        <条件式1が成立するときの処理>
} else if (<条件式2>) {
        <条件式2が成立するときの処理>
} else {
        <条件が成立しないときの処理>
}
```

くり返し

```
for (int i = 0; i < <くり返し回数>; i++)  {
        <くり返し処理>
}
```

降順のくり返し

```
for (int j = <最後の値>; j > <最初の値>; j--) {
        <くり返し処理>
}
```

1行コメント

```
// <コメント>
```

複数行コメント

```
/*
<コメント>
 */
```

2.7
Java

ジャバ

Java（ジャバ）言語とは？

Java言語は、「ハードウェアに依存しないプログラミング言語」です。

Java言語は「仮想マシン」という架空のコンピュータの上で動くように作られています。実行するには、まずコンピュータ内に仮想マシンを動かして、その仮想マシンの中で実行します。逆にいえば、仮想マシンさえ入っていれば、どんなコンピュータでも動く「ハードウェアに依存しない言語」なのです。

そのため、パソコンのアプリから、Webアプリ、公共システム、大企業の基幹システム、組み込み機器、Androidアプリなどあらゆる場面で使われます。

また、オブジェクト指向の代表的な言語です。

実行環境

パソコンやスマートフォンなどの中の仮想マシンの上で動きます。

仮想マシン上で動きます。

開発環境例

Java言語はコンパイルを行って実行ファイルを作る必要があるので、EclipseやAndroid Studioなどといった「開発環境」が必要です。また、Javaで開発を行うための「JDK (Java Development Kit)」をインストールする必要もあります。

■ 開発手順の例
① Eclipseを起動して、Javaプロジェクトを作りましょう。
② Java言語でプログラムを記述します。
③ メニューから[プロジェクトのビルド]を選択すると、プログラムがコンパイルされ実行ファイルに変換されます。
④ メニューから[実行]を選択すると、できた実行ファイルが実行されます。

プロフィール

▶ **登場時期**
1995年、サン・マイクロシステムズ社のジェームズ・ゴスリン氏によって作られました。

▶ **得意な分野**
パソコンや組み込み機器やAndroidなどの上で動くアプリ開発に向いています。

▶ **名前の由来**
開発者がコーヒーショップで、コーヒーの名前からつけたと言われています。

▶ **メリット**
C言語ではメモリ管理が大変でしたが、Java言語では、メモリが足りなくなったとき自動的に不要なメモリを解放してくれるガベージコレクションという便利な機能ができて、メモリ管理が楽になりました。処理速度もC言語ほどではありませんが、スクリプト言語よりも速いのが特長です。

▶ **デメリット**
Java言語は古い言語なので、新機能が追加されることが少なく、成熟した感じがあります。書くプログラム量が多くなりがちです。
また、ガベージコレクションは便利な機能な反面、メモリが足りなくなったとき自動的に動き出してプログラムの実行速度が急に遅くなってしまうという欠点があります。特にリアルタイム性が重要なゲームなどでこれが起こると困るので、ガベージコレクションが起こらないようなプログラミングを考えないといけないなど、特殊なアルゴリズムを考える必要が出てきます。

文法の特徴

Java言語の文法は、C言語をベースにしているので、C言語を知っている人にはわかりやすい言語です。

値の表示には、「System.out.println()」などを使います。

主な文法

変数	変数の型 <変数名> = <値>;
配列	配列の型 <配列名> = [<値>, <値>, <値>,...];
配列の個数	<配列名>.length
値の表示	System.out.println(<値>);

条件分岐	if (<条件式1>) {
	　　<条件式1が成立するときの処理>
	} else if (<条件式2>) {
	　　<条件式2が成立するときの処理>
	} else {
	　　<条件が成立しないときの処理>
	}

くり返し	for (int i = 0; i < <くり返し回数>; i++) {
	　　<くり返し処理>
	}

降順のくり返し	for (int j = <最後の値>; j > <最初の値>; j--) {
	　　<くり返し処理>
	}

1行コメント	// <コメント>
複数行コメント	/* <コメント> 　*/

2.8
Swift
スウィフト

Swift 言語とは?

Swift 言語は、iPhoneやiPadなどのアプリを作るためのプログラミング言語です。
また、Mac のアプリも作れます。
「アップル向けアプリを作るならかかせないプログラミング言語」ですね。
以前は、iPhone アプリを開発する言語といえばObjective-C が主流でした。しかし、Objective-C
言語はC 言語をオブジェクト指向に拡張させた言語で、建て増ししながら進化してきたので、いろい
ろ複雑だったり、すっきりしないところもありました。そこで、もっとiPhoneアプリを開発しやすくする
ために、Swift 言語が、新しい言語として作られたのです。
Swift 言語の特長は『速い。モダン。安全』の3つです。実行速度が「速く」、新しい言語に慣れ
ているプログラマーにもわかりやすい「モダンな言語」で、実行時にエラーが起きにくいアプリが作
れる「安全機能のついた言語」です。

実行環境

iPhoneやiPad、Apple Watch、Apple TV、Macなどの上で動きます。

iOS、iPadOS、macOSの上で動きます

開発環境例

Swift言語はコンパイルを行ってアプリを作りますので、MacのXcodeという「開発環境」が必要です（XcodeはApp Storeから無料ダウンロードできます）。

■ 開発手順の例

① Xcodeを起動して、新規プロジェクトを作りましょう。

② Swift言語でプログラムを記述します。

③ メニューから［Product］▶［Run］を選択すると、プログラムがコンパイルされ実行ファイルに変換されます。その後、自動的にiPhoneのシミュレータが起動し、シミュレータの中でアプリが実行されます。

プロフィール

▶ **登場時期**
2014年、アップル社のChris Lattner氏によって作られました。

▶ **得意な分野**
iPhoneやiPad、Apple Watch、Apple TV、Macのアプリの開発をすることができます。

▶ **名前の由来**
Swift言語の特長のひとつである「速い」という意味です。また「アマツバメ」という意味もあるので、Swiftのアイコンにアマツバメの絵が使われています。

▶ **メリット**
iPhoneアプリを作るために作られたプログラミング言語なので、iPhoneアプリ作りに向いています。開発環境であるXcodeとの相性もよく、Swiftでのアプリ作りを上手にサポートしてくれます。また、Swift言語はオープンソース化され、IBMがクラウドサービスに使ったり、GoogleもAndroidアプリの開発言語として検討しているなど、iPhoneアプリ以外の可能性も広がってきました。

▶ **デメリット**
今のところは、アップル社のiPhoneやMacのアプリ開発がメインです。

文法の特徴

Swift 言語の文法の特長は、「安全機能」です。実機でアプリを実行したときにエラーが起きないよう、あらかじめエラーが起きそうなところは、文法的にチェックしてエラーを警告するしくみになっています。「オプショナル型」や「変数と定数のチェックが厳しいこと」など、他の言語よりもエラーチェックが厳しい側面がありますが、Xcode 上で警告が出ないようなプログラムを書くことで、実機でのアプリ実行時に「落ちる」ことがないようにできています。変数、配列を作るときは、先頭に var か、let をつける必要があります。また、くり返しの指定は C 言語的な for 文が使えない構文なので、範囲指定で行います。また、値の確認は「print()」で行います。

主な文法

変数	`var <変数名> = <値>`
配列	`var <配列名> = [<値>, <値>, <値>,...]`
配列の個数	`<配列名>.count`
値の確認	`print(<値>, <値>,...)`

条件分岐	`if <条件式1> {`
	`    <条件式1が成立するときの処理>`
	`} else if <条件式2> {`
	`    <条件式2が成立するときの処理>`
	`} else {`
	`    <条件が成立しないときの処理>`
	`}`

くり返し	`for i in 0 ..< <くり返し回数> {`
	`    <くり返し処理>`
	`}`

降順のくり返し	`for j in stride(from: <最後の値>, through: <最初の値>,`
	`by: -1) {`
	`    <くり返し処理>`
	`}`

1行コメント	`// <コメント>`

複数行コメント	`/*`
	`<コメント>`
	`*/`

2.9
VBA
Visual Basic for Applications

VBA（Visual Basic for Applications）言語とは？

VBAは、Microsoft Officeシリーズに搭載されているプログラミング言語です。

VBAを使うと、WordやExcelやPowerPointなどで行う処理を自動化させることができます。例えば、データ集計をしたり、グラフを作成したり、請求書を作成したり、といったOffice製品で行う業務を自動化させることができます。

Visual Basicは、初心者向けのBASIC言語をベースにVisual（視覚的に）にプログラミングが行えるように作られた言語です。VBAは、そのVisual BasicをベースにWordやExcelなどを制御できるようにOffice製品に搭載された言語です。そのため初心者にわかりやすく、Office製品さえあれば動くので、初心者に身近なプログラミング言語だといえるでしょう。

Office製品には「マクロ」と呼ばれる「作業を自動化する機能」が備わっています。「Office上で行う操作手順を記録・再生することで作業を自動化する機能」なのですが、この手順をプログラムを書いて行えるようにしたのがVBAです。くり返し行われる作業や、複雑な処理を自動化することができます。

実行環境

WordやExcelやPowerPointなどOffice製品の上で動きます。

Excel、Word、PowerPointなどOffice製品で動きます。

VBA

開発環境

Office製品の［開発］タブから、Visual Basic Editor（VBE）を起動して、その中で作成していきます。ここではExcelを例に、方法を紹介します。

多くの場合、最初は［開発］タブが表示されていないので、まず表示させるところから始めます。

■ 開発タブを表示

① Office製品を起動後、［オプション］を選択します。

② ［リボンのユーザー設定］を選択し、右側のリストの［開発］のチェックボックスをオンにします。
（macOSの場合は、メニュー［Excel>環境設定］をクリックして「表示」の［開発タブ］のチェックボックスをオンにします。）

■ 開発手順の例

① ［開発］タブをクリックして、左にある［Visual Basic］をクリックすると、Visual Basic Editorが表示されます。

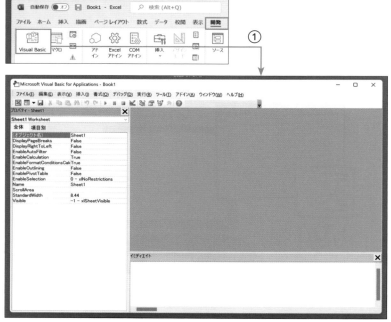

Visual Basic Editor

② メニューから［挿入>標準モジュール］を選択すると標準モジュールが追加されて、白紙のウィンドウが表示されます。

③ ここに「Sub ＜プロシージャ名＞」と入力してEnterキーを押すと、「End Sub」と表示されます。例えば「Sub Test」と入力してEnterキーを押します。すると、「Sub Test()」「End Sub」と表示され、この間の行にプログラムを書くことができます。

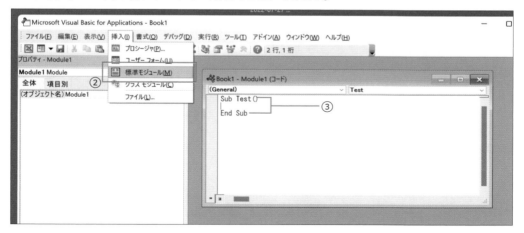

④ VBAはプログラムでExcelやWord上に値を入力させていくことになるのですが、計算結果などを簡単に表示させる方法として、「Debug.Print」という命令があります。これを実行すると「イミディエイトウィンドウ」に結果が表示されます。

⑤ ［プレイボタン］をクリックするか、メニューから［実行>Sub／ユーザーフォームの実行］を選択すると、実行されます。

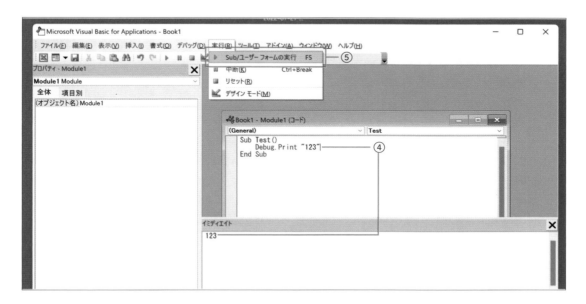

プロフィール

▶ **登場時期**

マイクロソフト社によって開発され、1994年に
Excel 5.0に搭載されて発売されました。

▶ **得意な分野**

Office製品の作業を自動化するための言語で
す。WordやExcelやPowerPointなどの作業
の効率化に使われます。

▶ **名前の由来**

「Visual Basic for Applications（ビジュアルベ
ーシック フォー アプリケーションズ」の略です。
BASICは「Beginner's All-purpose Symbolic
Instruction Code（初心者向け汎用記号命令
コード）」の頭文字です。このBASIC言語をも
とにVisual（視覚的に）にプログラミングが行
えるように作られたのがVisual Basic言語なの
ですが、これをもとにOffice製品のアプリケー
ションのために作られたため、「Visual Basic
for Applications」といいます。

▶ **メリット**

Office製品さえあれば、特別な開発環境を作
らなくてもすぐに使えます。初心者向けの
BASIC言語をベースに作られているため、単
純でわかりやすいしくみのプログラミング言語
です。
プログラムを入力したらすぐ実行できる手軽さ
も、初心者にやさしい言語です。

▶ **デメリット**

Office製品用のプログラミング言語なので、
Office製品がないと動きません。
文法はBASIC言語をベースにしているためや
さしいのですが、WordやExcel上での作業を
行うプログラムですので、実際に使うためには
「Excelのセルに書き込んだり、Wordのドキュ
メントに書き込んだりする方法」を別途理解す
る必要があります。
複雑な処理や、大量なデータ処理の処理速度
が遅く、時間がかかることがあります。

文法の特徴

VBAは、Office製品の処理を自動化させるためのプログラミング言語です。BASIC言語としてはわかりやすい言語なのですが、目的が「Excelのセルに書き込んだり、Wordのドキュメントに書き込んだりすること」なので、プログラムからOffice製品を操作する方法を理解する必要があります。

主な文法

変数	`Dim <変数名>` `<変数名> = <値>`
配列	`Dim <配列名>() As データ型名` `<配列名> = Array(<値>, <値>, <値>,...)`
配列のインデックス	`UBound(<配列名>)`
値の表示	`Debug.Print <値>` `Cells(<行>,<列>).value = <値>`

条件分岐	`If <条件式> Then`
	　　　`<条件が成立するときの処理>`
	`Else`
	　　　`<条件が成立しないときの処理>`
	`End If`

くり返し	`For I=0 To <くり返し回数>`
	　　　`<くり返し処理>`
	`Next`

降順のくり返し	`For J=<最後の値> To <最初の値> Step -1`
	　　　`<くり返し処理>`
	`Next`

1行コメント	`' <コメント>`

VBA

第**3**章

データ構造と
アルゴリズムの基本

アルゴリズムの基本について知りましょう。
アルゴリズムの組み立て方や、
書き方、データの使い方について解説します。

3.1
データ構造

コンピュータが扱えるデータ

アルゴリズムを実際に処理していくためには、「データ」が必要になります。「データ」とはどのようなものなのか、少し見ていくことにしましょう。

コンピュータが扱えるデータは、「数値」です。それはコンピュータが電子回路でできていることによります。オンとオフの状態を1と0として、2進数の計算を行い、その2進数を人間が使う10進数に置き換えて「一般的な数値」として使っているのです。

ですが、実際のコンピュータで扱うのは数値だけではありません。文字や画像、音声、動画などを扱ったり、家電やロボットを動かすようなことまでもできています。なぜそんなことができるのでしょうか。それは、「数値以外のデータも数値化」して扱っているからです。

文字

文字は、「文字コード」という『数値』に置き換えて扱います。

例えば「A」は65、「B」は66などと、ひとつひとつの文字に番号を割り振って扱っているのです。アルファベットでは一般的に「ASCIIコード」が使われていますが、日本語は漢字がたくさんあってそれでは足りないので「Shift-JIS」や「EUC」や「Unicode（UTF-8、UTF-16）」などの文字コードが使われています。異なる文字コードで解釈

すると、番号のつけ方が異なるため正しい文字が表示されません。これを一般的に「文字化け」といいます。

■画像

画像は、まずある1つの点にだけに注目します。その1つの点を赤、緑、青（RGB）の光の3原色に分解して、「それぞれの色の明るさ」を『数値』に置き換えます。この点を縦横にたくさん並べて大きな画像にするわけです。

この1つの点のことを「ピクセル」といいます。

写真は…　　点の集まりで…　　点は数値で表す。

■動画

動画は、パラパラマンガのように連続する画像を高速に切り換えることで動いているように見せています。ですので「画像データがたくさん集まったもの」として、『数値』として扱います。

■音声

音声は、波形データを時間で細かく区切って「振幅の値」を数値として扱います。

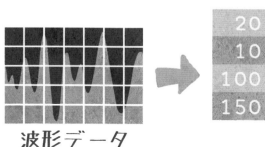

波形データ

■家電やロボット

家電やロボットは、外部の電子部品とつながって、周りの状況を調べたり、物体をコントロールします。光センサーや温度センサー、傾きセンサー、距離センサーなどの「入力機器」を使うと、コンピュータは外部の状況を『数値』として受け取ることができます。

逆に、外部の物をコントロールするには、モーターや、LEDなどの「出力機器」を使います。モーターを動かす「時間や角度など」を『数値』でコントロールしたり、「LEDの番号」を使って、点灯の指示をすることができます。

データ構造

このように、コンピュータはいろいろなものを数値化して、「データ」として扱います。

アルゴリズムでは、たくさんのデータを扱うことが多く「どのようにまとめたら扱いやすくなるか」を考えることが重要です。「データのまとめ方」のことを「データ構造」といいます。

データ構造＝データのまとめ方

■変数

データを扱うとき、一番基本となるのは「変数」です。

「変数」とは、データを入れる箱のようなものです。「これは○○のデータです」という名前をつけた箱にデータを入れてわかりやすくし、整理したり、計算を行うのに使います。

その使い方は3つです。

① 宣言：名前をつけて変数を作ります。
② 代入：データを入れて保存します。（すでにデータが入っていたときは、上書きになります。）
③ 参照：データを出して確認したり、比較したりします。

ただし、1つの変数には1つのデータしか入れることができません。たくさんのデータを扱うときはたくさんの変数を用意する必要があるので大変になります。

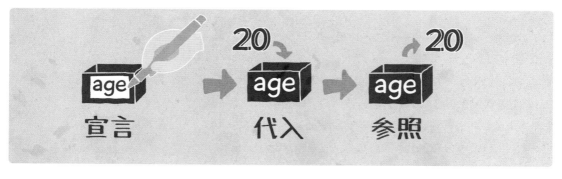

■配列

「たくさんのデータをまとめて扱うとき」は、配列を使います。
配列とは、データを入れるタンスのようなもので、引き出し
のひとつひとつが変数になっています。「3番の引き出しに
データを入れる」「5番の引き出しのデータを見る」など、番
号で指定してデータにアクセスします。

先頭の番号は基本的に0番から始まります。3つのデータ
がある場合、0、1、2の3つの引き出しになります。
配列は途中へのデータの追加や削除が苦手です。例えば、
「2番目にデータを追加するとき」は、まずそこから後ろのデータ（2番目から最後まで）をすべて後
ろに移動させておく必要があります。「2番目のデータを削除するとき」も、削除したあと後ろのデー
タ（3番目から最後まで）をすべて前に移動させる必要があり、作業が大変です。

> メリット：添え字で指定して値にアクセスするのが得意です。
> デメリット：データの追加や削除が苦手です。

■リスト

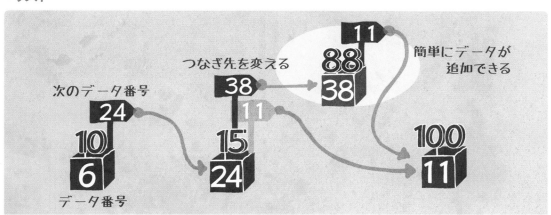

たくさんのデータを扱うときで、「追加や削除をよく行うとき」は、リストを使います。
リストとは、1つ1つのデータに「次にどのデータにつながるか」というつながり先をつけたデータ構
造のことで、たくさんのデータを順番にたどっていくことができます。配列よりややこしい構造ですが、
データの追加や削除が得意です。「あるデータの後ろに新しいデータを追加したいとき」は、新しい
データを用意してつながり先を変えるだけで行えます。「あるデータを削除したいとき」も、つながり
先を変えるだけで行えます。ただし、「10番目のデータの値を見たいとき」は、先頭から順番に10
番目のデータまでたどっていく必要があります。

> メリット：データの追加や削除が得意です。
> デメリット：添え字で指定して値に直接アクセスするのが苦手です。

■キュー：First In First Out

コンピュータは高速に計算を行いますが、それでも複雑な処理には時間がかかります。そんな「時間のかかる処理がたくさんあるとき」は、キューを使います。

キューとは、「レジに人が並んでいるような状態のこと」で、先に入れたデータが先に出てくるデータ構造です。レジでは最初の人の精算が終わるまで後ろの人は待たされて、精算が終わると次の人へと進みます。キューも同じように、行う処理を順番待ちさせておいて、処理していく方法です。

パソコンでは「プリントアウト」や「マウスクリック」で使われています。多くの資料をプリンタで印刷しようとすると、印刷待ちが行われます。パソコンの処理が重いときたくさんマウスクリックすると、しばらくするとたまっていた印刷処理が、クリックした順番で行われます。

■スタック：Last In First Out

「処理するものを一旦待避させておきたいとき」には、スタックを使います。

スタックとは、「お皿をお皿の上に積み上げていくような状態のこと」で、後から入れたデータが先に出てくるデータ構造です。積み上げたお皿は、取り出すとき最後に積み上げたお皿から順番に取り出すことになり、最初に置いたお皿が一番最後に出てきます。

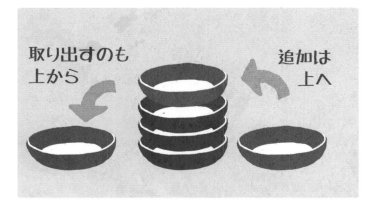

取り出すのも上から　　追加は上へ

パソコンでは「アンドゥ」や「ブラウザで戻るを押して戻るとき」に使われています。何かのソフトでアンドゥしたとき、最後に行った処理から取り消されていきます。ブラウザでリンクをいろいろクリックしてページをジャンプしていくと、戻るボタンを押したとき1つずつ前のページへと戻っていきます。

■ 木（ツリー）構造

たくさんのデータの「階層構造」が重要なときは、木（ツリー）構造を使います。

木（ツリー）構造とは、一つの頂点からまさに木のように複数のデータに枝分かれしていくデータ構造です。木に例えて、頂点をルート（根）、枝分かれするところをノード（節）、枝部分をブランチ（枝）、先端部分をリーフ（葉）といいます。

パソコンでは「ハードディスクなどのファイルシステム」で使われています。ハードディスクの中に複数のフォルダがあって、それぞれのフォルダの中にまた複数のフォルダがあって、という状態のことです。どの階層にどんなデータがあるかを管理しやすい構造になっています。

これらの「データ構造」を使ってアルゴリズムを作っていきます。うまく使うほどアルゴリズムの効率の良さに影響してきます。

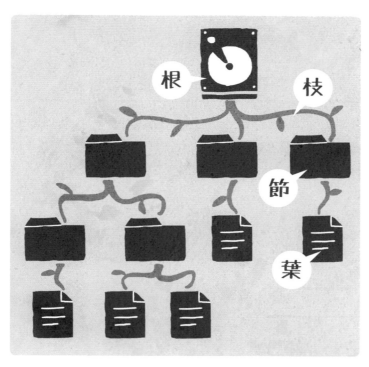

3.2
フローチャート

アルゴリズムを図式で書く方法

アルゴリズムを図式で表すときには「フローチャート（flowchart）」を使います。

フローチャートは、よく「アルゴリズムを考える道具」として使われます。

（フロー（flow）は流れ、チャート（chart）は図という意味で、日本語では「流れ図」といいます。）

▼

「アルゴリズムの流れ」を図で表現できるので、間違いがないかどうかを形で直感的にチェックすることができます。

また、プログラムになる前の表現方法なので、ひとつのアルゴリズムをいろいろなプログラミング言語で利用したい場合などに役立ちます。

フローチャートで使う記号

フローチャートの記号は、四角を線や矢印でつなぐだけなので、直感的に理解することができます。

フローチャートの正しい書き方はJIS規格で決められていますが、厳密な開発資料を作るのでなければ「直感的なわかりやすい図式」として気軽に利用するのがおすすめです。

▼

フローチャートには主に、次のような記号があります。

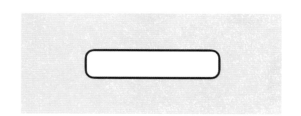

■端子

アルゴリズムの「開始」と「終了」の記号です。

アルゴリズムの最初と最後に使います。

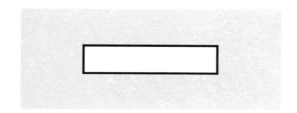

▪ 処理

「処理」を表す記号です。通常の順番で行って
いく命令には、これを使います。

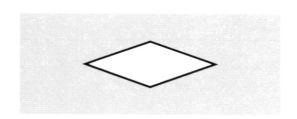

▪ 選択（分岐）

条件で判断して「処理を分岐」する記号です。
条件によって処理が枝分かれするときには、これ
を使います。

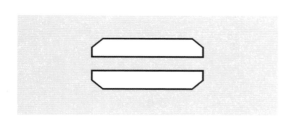

▪ 反復

くり返しの「始まり」と「終わり」を表す記号です。
くり返しを行う範囲を、これで囲みます。

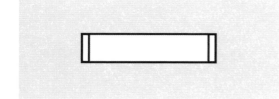

▪ 定義済み処理

「まとまった処理」を表す記号です。複雑なアル
ゴリズムも、ある程度まとめて表示することで、
シンプルなフローチャートにすることができるの
です。

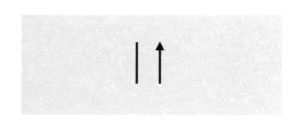

▪ 流れ線

「処理の流れを表す線」です。基本的に処理は
上から下へ流れますが、下から上へ向かう流れ
のときや飛び越えて処理するときなどは、向きを
ハッキリさせるために矢印で表します。

3.3
アルゴリズムの基本

3つの基本構造

アルゴリズムには3つの基本構造があります。「順次構造」「選択構造」「反復構造」の3つです。これら3つを組み合わせることで、いろいろなアルゴリズムを作っていくことができるのです。

■順次構造：上から順番に、実行する

アルゴリズムのいちばん基本的な構造です。並べた処理を上から順次（順番に）実行していくことを表しています。

フローチャートでは右図のように表します。

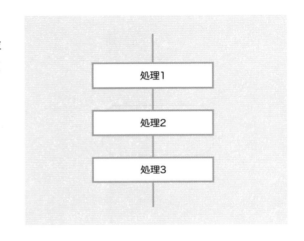

■選択構造（条件分岐）：もしも〜なら、実行する

条件を調べて、ある処理を行うか行わないかの選択をする構造です。「条件に合ったときの処理」を用意して、条件に合ったときだけ、その処理を行わせることができ、フローチャートでは右図のように表します。

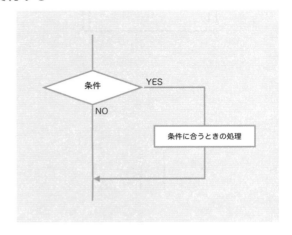

「条件に合ったときの処理」と「条件に合わなかったときの処理」を用意して、必ずどちらかを実行させる構造もあります。
フローチャートでは右図のように表します。

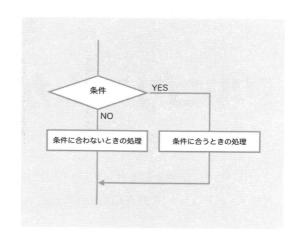

■反復構造（ループ）：くり返し、実行する

条件を満たす間、ずっと同じ処理をくり返す構造です。
条件に合わなくなったら、くり返しを終了します。
くり返しは、必ず終わるように条件を作る必要があります。もしくり返しが終わらなければ「無限ループ」というバグになるので注意します。
フローチャートでは右図のように表します。

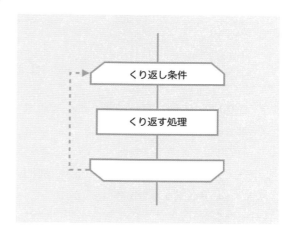

3.4
アルゴリズムからプログラムへ

それではここで、簡単な例を使って「アルゴリズムからプログラムを作る様子」を見てみましょう。
変数を使って「データを保存して確認する」というプログラムを考えていきます。

> **問題**　　　　　コンピュータに「10」という値を保存する。
> そして保存されたのか、その値を画面に表示して確認したい。

イメージ

まず、どのように処理していくかを「イメージ」で考えてみましょう。

① データを保存しておく変数を作ります。例として「a」という名前をつけて作ります。

② 作った変数「a」に「10」という値を入れて保存します。

③ 保存した変数の値を取り出して、コンピュータの画面に表示させます。

フローチャート

これを「フローチャート」で考えてみましょう。

3つの処理を順番に行っていくので「順次構造」で処理していきます。

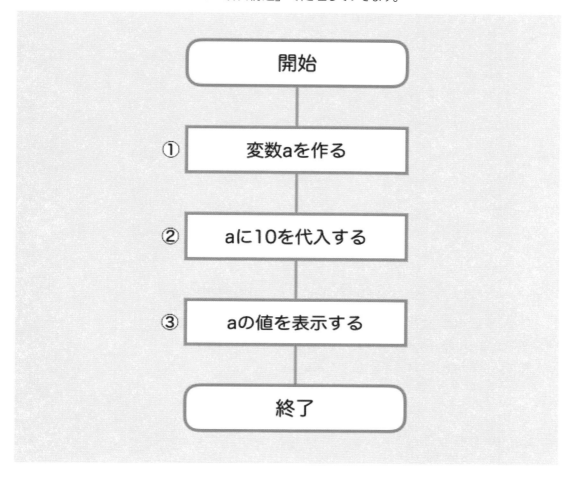

プログラム

これを実際にプログラミング言語で書くと、どのようになるでしょうか。

プログラミング言語は「使う目的」によっていろいろ異なります。この本では、8種類のプログラミング言語を使って、それぞれでどのように記述されるのかを紹介していきます。

「違うところ」もありますが、「似ているところ」もたくさんあると感じられると思いますよ。

Python の場合

Python 言語は、プログラムの中で日本語を扱う場合、先頭に「**utf-8**」という指定をします。
❶ 変数の宣言は必要なく、❷ 変数名に値を代入すれば変数が自動的に作られます。
❸ 変数の値を表示するときは「**print()**」を使います。

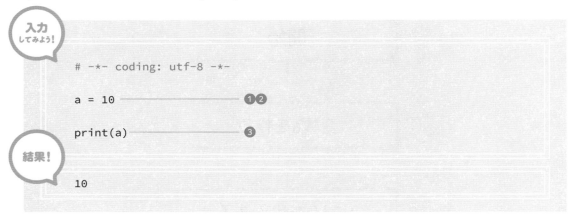

入力
してみよう!

```
# -*- coding: utf-8 -*-

a = 10 ──────────── ❶❷

print(a) ──────────── ❸
```

結果!

```
10
```

JavaScript の場合

JavaScript 言語では、変数名の前に「**var**」と記述して変数を宣言します。
❶ 変数の宣言と、❷ 値の代入は 1 行でまとめて行うことができます。
❸ 変数の値を表示するには「**alert()**」を使います。

入力
してみよう!

```
<script>
  var a = 10; ──────── ❶❷
  alert(a); ──────── ❸
</script>
```

結果!

```
10
```

第 3 章　データ構造とアルゴリズムの基本

PHPの場合

PHP言語の特徴は、変数名の先頭には「$」記号をつけることです。
❶ 変数の宣言は必要なく、❷ 変数名に値を代入すれば変数が自動的に作られます。
❸ 変数の値を表示するには「**print()**」を使います。

入力してみよう！

```php
<?php
   $a = 10;          ❶❷
   print($a);        ❸
?>
```

結果！

```
10
```

Python
Java
Script
PHP
C

Cの場合

C言語では、簡単なプログラムでもincludeやmainなどの「プログラムとして実行させるための準備」
が必要となります。

また「データの取り扱い方」が厳しいので、変数を宣言するときは「どんな形式のデータなのか」という指定が必要です。ここでは整数を扱うので「**int**」と記述します。

❶ 変数の宣言と、❷ 値の代入は1行でまとめて行うことができます。

❸ 変数の値を表示するときは「**printf()**」を使います。このときも「どんな種類のデータなのか」を
指定する必要があります。ここでは整数を扱うので「**printf("%d",<変数名>)**」と指定します。

入力してみよう！

```c
#include <stdio.h>

int main(int argc, char *argv[]) {

   int a = 10;        ❶❷
   printf("%d ",a);   ❸

}
```

結果！

```
10
```

の場合

C#言語では、簡単なプログラムでもusing Systemやclassなどの「プログラムとして実行させるため準備」が必要となります。

また「データの取り扱い方」が厳しいので、変数を宣言するときは「どんな形式のデータなのか」という指定が必要です。ここでは整数を扱うので「int」と記述します。

❶ 変数の宣言と、❷ 値の代入は1行でまとめて行うことができます。

❸ 変数の値を表示するときは「Console.WriteLine()」を使い、コンソール画面などに値を表示させます。「Console.WriteLine()」では、文字列の中の値を表示させたい位置に{0}と書いて、カンマで区切った後に変数名を書きます。実行すると、{0}の位置に変数の値が表示されます。

入力
してみよう!

```
using System;

namespace test
{
  internal class Program
  {
    static void Main(string[] args)
    {
      // 値を入れます
      int a = 10;                              ❶❷
      // 値を表示します
      Console.WriteLine("変数aは{0}", a);        ❸
    }
  }
}
```

結果!

```
10
```

第3章 データ構造とアルゴリズムの基本

Javaの場合

Java言語では、簡単なプログラムでもclassやmainなどの「プログラムとして実行させるための準備」が必要となります。

また、C言語と同じように「データの取り扱い方」が厳しいので、変数を宣言するときは「どんな種類のデータを扱うのか」という指定が必要です。ここでは整数を扱うので「**int**」と記述します。

❶ 変数の宣言と、❷ 値の代入は1行でまとめて行うことができます。

❸ 変数の値を表示するときは「**System.out.println()**」を使います。

入力
してみよう！

```
class var {
  public static void main(String[] args) {

    int a = 10;              ❶❷
    System.out.println(a);   ❸

  }
}
```

結果！

```
10
```

Swiftの場合

Swift言語では、変数を作るとき、変数名の前に「**var**」と記述します。これが、変数の宣言になります。

Swift言語もC言語と同じように「データの取り扱い方」が厳しいのですが、進化した言語なので「10を代入しているということは、整数を扱う変数ということですね」と、Swiftが考えてくれているので「どんな種類のデータを扱うのか」を記述しなくてもいいのです。

❶ 変数の宣言と、❷ 値の代入は1行でまとめて行うことができます。

❸ 変数の値を表示するときは「**print()**」を使います。

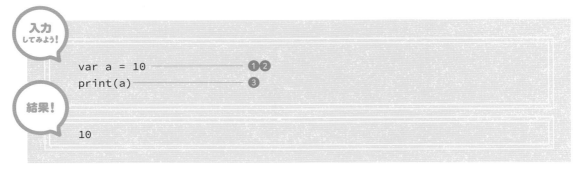

入力してみよう!

```
var a = 10 ──────── ❶❷
print(a) ──────── ❸
```

結果!

```
10
```

VBAの場合

VBA言語では、まず「Dim」で変数を作ってから、その変数に値を入れます。

❶ 変数の宣言をし、❷ 変数名に値を代入します。

❸ 変数の値を表示するときは「**Debug.Print**」を使います。値は、イミディエイトウィンドウに表示されます。

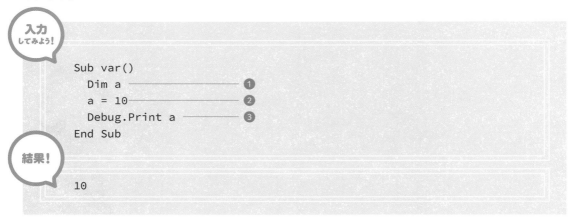

入力してみよう!

```
Sub var()
    Dim a ──────── ❶
    a = 10 ──────── ❷
    Debug.Print a ──────── ❸
End Sub
```

結果!

```
10
```

第**4**章

簡単な
アルゴリズム

基本となるアルゴリズムを知りましょう。
いろいろなプログラミング言語で
どのように記述するかも紹介します。

4.1
簡単なアルゴリズム

アルゴリズムの中でも、「最も簡単なアルゴリズム」を見ていきましょう。これらはアルゴリズムの基本なので、いろいろなアルゴリズムの中に組み込まれて利用されています。

合計値

たくさんのデータの合計値を求めるアルゴリズムです。

最大値、最小値

たくさんのデータの最大値や最小値を求めるアルゴリズムです。

平均値

たくさんのデータの平均値を求めるアルゴリズムです。

データの交換

2つのデータを入れ替えるアルゴリズムです。

4.2
合計値

「買い物の合計金額を知りたいとき」や「テストの合計点を知りたいとき」「今月の店の総売上を知りたいとき」などは「合計値を求めるアルゴリズム」を使います。

合計値はアルゴリズムの中でも基本中の基本です。他のアルゴリズムの一部として利用されることもあります。

> **ひとこと** で言うと!

合計値とは……
すべての値を足した値!

▶ **目的** ：データの合計値を知ること

▶ **現状** ：わかっているのは、データの「個数」と「それぞれの値」

▶ **結果** ：求める結果は、「すべての値を足した数値」

アルゴリズムのイメージと手順

合計値とは、「配列に入っている値をすべて足した値」です。しかし、一度にすべての値を足すことはできないので、配列の値をひとつひとつ順番に足していきます。

① まず「合計値を入れる変数
（例：sum）」を用意します。
ここに配列のすべての値を順
番に足していって合計値を
求めるのです。このときの注
意点として、最初に0を入れ
て初期化することを忘れない
ようにしましょう。もし最初
に変な値が入っていたら、正
しい結果が得られなくなって
しまいます。

② 配列の最初から最後まで、
1つずつ順番に見ていきます。

③「それまでの合計値に配列
の値を足す処理」をくり返し
ます。

④ 配列の最後まで足し終わっ
たとき、合計値が得られます。

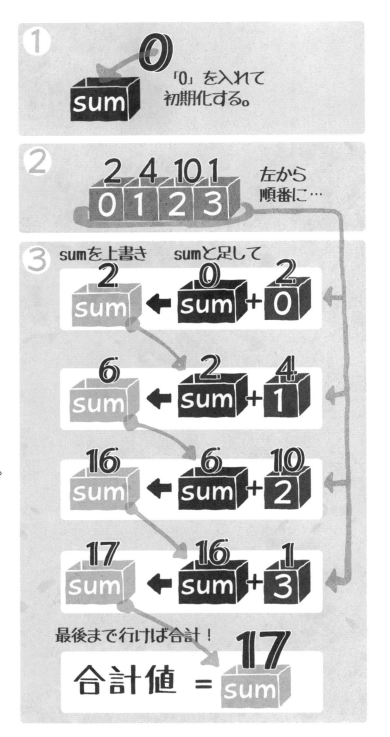

フローチャート

これを「フローチャート」で表してみましょう。

データを配列に入れて準備したところからスタートです。

① 合計値を入れる変数を作ります（例：sum）。初期値として0を入れておきます。

② 配列の最初から最後まで、③をくり返します。

③ くり返しの中では、合計値の変数（sum）に配列の値をひとつ足します。

配列の最後まで足し終わったら計算終了です。

合計値の変数（sum）の値が、求める結果です。

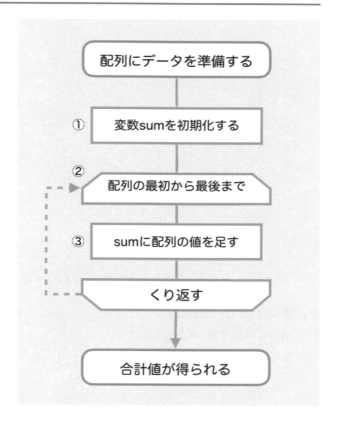

プログラム

フローチャートができたので、これをプログラミング言語で記述してみましょう。

ここで使う「くり返し（反復構造）」は、ほとんどの言語では「for文」で行いますが、その使い方が言語によって少しずつ違います。

また、「ある変数にある値を足すとき」は、ほとんどの言語では「+=」という複合代入演算子を使います。

「<足される変数名> += <足す値>」

という記述をすることで、変数に値を足していくことができます。

※この本では、プログラムの意味をわかりやすくするためにコメント行（灰色の行）を入れています。実際に入力するときには、コメント行は省略してかまいません。

「+=」について

「ある変数にある値を足すとき」は、よく「+=」を使います。

「<足される変数名> += <足す値>」
という処理は、

「<足される変数名> = <足される変数名> + <足す値>」
と同じ処理を行っています。コンピュータとしてはどちらの書き方でも動きます。

ただし、「プログラムのわかりやすさ」に違いが出ます。

後者だと「2つの値を足して変数に入れる」という意味なので、読む人は「2つの値を足しているなあ。よく見ると、足し算に使う変数と結果の変数が同じ名前だ。ということは結果の変数に値を足そうとしているのだな」と考えてやっと意味がわかります。
ですが前者だと「ある変数に値を足す」という意味なので、「この変数に、別の数を加えようとしているのだな」とすぐに意味がわかるのです。

Python で合計値

反復構造は、「for in range 文」で行います。range はいろいろな指定がありますが、単純なくり返しは「range(<終了値>)」を使います。

他の言語と違い、くり返しの範囲は「「{」～「}」の範囲ではなく、右にインデント（字下げ）された部分です。

配列のデータの個数は「len(<配列名>)」でわかるので、その回数だけくり返します。

入力してみよう！

```python
# -*- coding: utf-8 -*-

# データを配列に用意します
a = [1,3,10,2,8]
# 合計値を0に初期化します
sum = 0
# データの個数だけくり返します
for i in range(len(a)):
    # 各値を足します
    sum += a[i]

# 結果を表示します
print("合計=",sum)
```

結果！

```
合計= 24
```

JavaScript で合計値

反復構造は、「for文」で行います。for文の後の「{」～「}」の範囲をくり返します。
配列のデータの個数は「<**配列名**>.length」でわかるので、その回数だけくり返します。

入力してみよう！

```
<script>
    // データを配列に用意します
    var a = [1,3,10,2,8];
    // 合計値を0に初期化します
    var sum = 0;
    // データの個数だけくり返します
    for (var i=0; i<a.length; i++) {
        // 各値を足します
        sum += a[i];
    }
    // 結果を表示します
    alert("合計="+sum);
</script>
```

結果！

合計 = 24

Python

Java
Script

PHP

PHP で合計値

反復構造は「for文」で行います。for文の後の「{」～「}」の範囲をくり返します。配列のデータの個数は「count(<**配列名**>)」でわかるので、その回数だけくり返します。

入力してみよう！

```
<?php
    // データを配列に用意します
    $a = array(1,3,10,2,8);
    // 合計値を0に初期化します
    $sum = 0;
    // データの個数だけくり返します
    for ($i=0; $i<count($a); $i++) {
    // 各値を足します
        $sum += $a[$i];
    }
// 結果を表示します
    print("合計=".$sum);
?>
```

結果！

合計=24

C で合計値

反復構造は「for 文」で行います。for 文の後の「{」～「}」の範囲をくり返します。ただし、配列のデータの個数は直接はわかりません。個数を直接指定するか、配列全体のサイズを中身の整数データのサイズで割って個数を計算して求めます。

値の表示は、整数を扱うので「printf("%d",<変数名>)」と指定します。

入力
してみよう!

```c
#include <stdio.h>

int main(int argc, char *argv[]) {

    // データを配列に用意します
    int a[] = {1,3,10,2,8};
    // 合計値を0に初期化します
    int sum = 0;
    // 要素の個数を調べます
    int length = sizeof(a)/sizeof(int);
    // データの個数だけくり返します
    int i;
    for (i=0; i<length; i++) {
        // 各値を足します
        sum += a[i];
    }

    // 結果を表示します
    printf("合計=%d ",sum);
}
```

結果!

```
合計=24
```

C# で合計値

反復構造は「for文」で行います。for文の後の「{」〜「}」の範囲をくり返します。くり返す回数は、配列の個数（**<配列名>.Length**）で指定します。

値の表示は、「**Console.WriteLine("{0} ",<変数名>)**」と指定します。

入力
してみよう!

```csharp
using System;

namespace test
{
  internal class Program
  {
    static void Main(string[] args)
    {
        // データを配列に用意します
        int[] a = new int[] {1,3,10,2,8};

        // 合計値を0に初期化します
        int sum = 0;
        // 要素の個数を調べます
        int length = a.Length;
        // データの個数だけくり返します
        int i;
        for (i=0; i<length; i++) {
          // 各値を足します
          sum += a[i];
        }

        // 値を表示します
        Console.WriteLine("合計={0} ",sum);
    }
  }
}
```

結果!

```
合計=24
```

Javaで合計値

反復構造は、「for文」で行います。for文の後の「{」〜「}」の範囲をくり返します。

配列のデータの個数は「<**配列名**>.length」でわかるので、その回数だけくり返します。

入力してみよう!

```java
class Sum {
    public static void main(String[] args) {
        // データを配列に用意します
        int a[] = {1,3,10,2,8};
        // 合計値を0に初期化します
        int sum = 0;
        // データの個数だけくり返します
        for (int i=0; i<a.length; i++) {
            // 各値を足します
            sum += a[i];
        }
        // 結果を表示します
        System.out.println("合計=" + sum);
    }
}
```

結果!

合計=24

Swiftで合計値

反復構造は、「for in文」で行います。for文の後の「{」〜「}」の範囲をくり返します。

配列のデータの個数は「<**配列名**>.count」でわかるので、その回数だけくり返します。

入力してみよう!

```swift
// データを配列に用意します
var a = [1,3,10,2,8]
// 合計値を0に初期化します
var sum = 0
// データの個数だけくり返します
for i in 0..<a.count {
    // 各値を足します
    sum += a[i]
}
// 結果を表示します
print("合計=",sum)
```

結果!

合計= 24

VBA で合計値

反復構造は「for文」で行います。「For」〜「Next」の範囲をくり返します。くり返す回数は、配列の最大インデックス（**UBound(<配列名>)**）で指定します。

値の表示は、「**Debug.Print "合計=" & <変数名>**」と指定します。

入力
してみよう!

```
Sub sum()
    Dim a, sum

    'データを配列に用意します
    a = Array(1, 3, 10, 2, 8)
    ' 合計値を0に初期化します
    sum = 0
    ' データの個数だけくり返します
    For i = 0 To UBound(a)
        ' 各値を足します
        sum = sum + a(i)
    Next i
    ' 結果を表示します
    Debug.Print "合計=" & sum
End Sub
```

結果!

合計 = 24

4.3
平均値

「テストの平均点を知りたいとき」や「毎月の売上の平均金額を知りたいとき」などは、「平均値を求めるアルゴリズム」を使います。

平均値とは「すべてのデータを足し合わせて、データの数で割った値」です。「データの合計値 ÷ データの数」で求めることができます。

平均値の計算に使う「合計値」は、「合計値のアルゴリズム」をそのまま利用することができます。その合計値をデータの個数で割れば、平均値が得られます。

このようにアルゴリズムは、他のアルゴリズムを再利用することで、効率良く作っていくことができるのです。

> **ひとことで言うと！**

平均値とは……
すべての値を足して、データの個数で割った値！

▶ **目的** ：データの平均値を知ること

▶ **現状** ：わかっているのは、「データの個数」と「それぞれの値」

▶ **結果** ：求める結果は、「すべての値を平均した数値（小数）」

アルゴリズムのイメージと手順

平均値は「データの合計値 ÷ データの数」という計算で求めることができます。

① まず、配列の合計を「合計値のアルゴリズム」で求めます。

② 次に、出てきた合計値を個数で割れば、平均値が得られます。

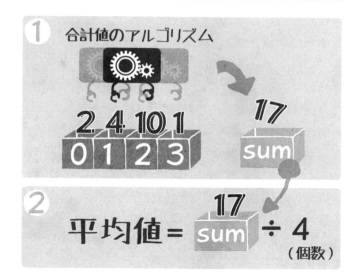

フローチャート

これを「フローチャート」で考えてみましょう。
「合計のアルゴリズム」を「まとまった処理」として扱うことで、フローチャートをシンプルに書くことができます。

① 配列の合計を変数（例：sum）に入れます。
② sumをデータの個数で割った値を、変数（例：average）に入れます。

これで平均値の計算は終了です。
平均値の変数（average）の値が、求める結果です。

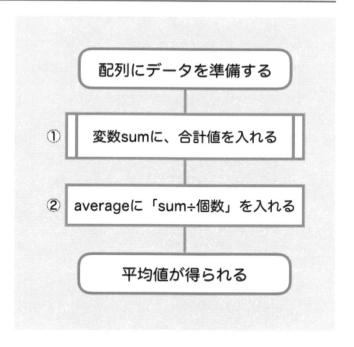

プログラム

フローチャートができたので、これを各プログラミング言語で記述してみましょう。

合計値のアルゴリズムを利用するので簡単に作れそうですね。

ただし、注意することがあります。それは「データの種類（データ型）」です。コンピュータは、データの種類によって計算方法が違います。多くのプログラミング言語では「整数同士の計算は、結果も整数」と考えます。小数を使った計算は、整数の計算よりも処理時間がかかってしまうため、分けて扱っているのです。そのため「整数同士の割り算」を行うときは注意が必要です。答えも整数になってしまうので、小数点以下が切り捨てられてしまうからです。

この平均値の計算も、配列のデータが「整数」、配列の個数が「整数」であれば、「整数同士の割り算」になって、小数点以下が切り捨てられた計算が行われてしまいます。

そこで、結果が小数になるように工夫する必要があります。

この「小数で計算する方法」は、プログラミング言語によって少し違いがあります。

Pythonで平均値を求める

Pythonは「合計値/個数」の計算をするとき、特にデータ型を指定する必要はありません。自動的に小数の値が出るように計算してくれます。便利ですね。

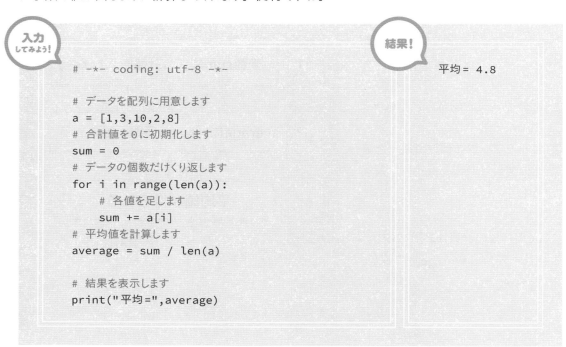

入力してみよう！

結果！

平均 = 4.8

```python
# -*- coding: utf-8 -*-

# データを配列に用意します
a = [1,3,10,2,8]
# 合計値を0に初期化します
sum = 0
# データの個数だけくり返します
for i in range(len(a)):
    # 各値を足します
    sum += a[i]
# 平均値を計算します
average = sum / len(a)

# 結果を表示します
print("平均=",average)
```

JavaScript で平均値を求める

JavaScript は「合計値/個数」の計算をするとき、特にデータ型を指定する必要はありません。自動的に小数の値が出るように計算してくれます。便利ですね。

入力してみよう!

```
<script>
    // データを配列に用意します
    var a = [1,3,10,2,8];
    // 合計値を0に初期化します
    var sum = 0;
    // データの個数だけくり返します
    for (var i=0; i<a.length; i++) {
        // 各値を足します
        sum += a[i];
    }
    // 平均値を計算します
    average = sum / a.length;

    // 結果を表示します
    alert("平均="+average);
</script>
```

結果!

平均=4.8

Python

Java
Script

PHPで平均値を求める

PHPは「合計値/個数」の計算をするとき、特にデータ型を指定する必要はありません。自動的に小数の値が出るように計算してくれます。便利ですね。

入力
してみよう!

```php
<?php
    // データを配列に用意します
    $a = array(1,3,10,2,8);
    // 合計値を0に初期化します
    $sum = 0;
    // データの個数だけくり返します
    for ($i=0; $i<count($a); $i++) {
        // 各値を足します
        $sum += $a[$i];
    }
    // 平均値を計算します
    $average = $sum / count($a);

    // 結果を表示します
    print("平均=",$average);
?>
```

結果!

```
平均=4.800000
```

C で平均値を求める

平均値の変数は、小数が入るので先頭に「**float**」をつけてデータ型を指定して作ります。また、「合計値 / 個数」の計算をするとき、sum の前に「**(float)**」を使って小数データに変換してから計算を行います。

値の表示は、小数を扱うので「**printf("%f",<変数名>)**」と指定します。

入力
してみよう!

```c
#include <stdio.h>

int main(int argc, char *argv[]) {
    // データを配列に用意します
    int a[] = {1,3,10,2,8};
    // 合計値を0に初期化します
    int sum = 0;
    // 要素の個数を調べます
    int length = sizeof(a)/sizeof(int);
    // データの個数だけくり返します
    int i;
    for (i=0; i<length; i++) {
        // 各値を足します
        sum += a[i];
    }
    // 平均値を計算します
    float average = (float)sum / length;

    // 結果を表示します
    printf("平均=%f ",average);
}
```

結果!

```
平均=4.800000
```

PHP

C

C# で平均値を求める

平均値の変数は、小数が入るので先頭に「**float**」をつけてデータ型を指定して作ります。また、「合計値/個数」の計算をするとき、sumの前に「**(float)**」を使って小数データに変換してから計算を行います。

値の表示は、「**Console.WriteLine("{0} ",<変数名>)**」と指定します。

入力してみよう!

```
using System;

namespace test
{
  internal class Program
  {
    static void Main(string[] args)
    {
        // データを配列に用意します
        int[] a = new int[] {1,3,10,2,8};

        // 合計値を0に初期化します
        int sum = 0;
        // 要素の個数を調べます
        int length = a.Length;
        // データの個数だけくり返します
        int i;
        for (i=0; i<length; i++) {
            // 各値を足します
            sum += a[i];
        }
        // 平均値を計算します
        float average = (float)sum / length;

        // 値を表示します
        Console.WriteLine(" 平均 ={0} ",average);
    }
  }
}
```

結果!

平均=4.8

Javaで平均値を求める

平均値の変数は、小数が入るので先頭に「**float**」をつけてデータ型を指定して作ります。また、「合計値 / 個数」の計算をするとき、sumの前に「**(float)**」を使って小数データに変換してから計算を行います。

入力
してみよう!

```java
class Average {

    public static void main(String[] args) {
        // データを配列に用意します
        int a[] = {1,3,10,2,8};
        // 合計値を0に初期化します
        float sum = 0;
        // データの個数だけくり返します
        for (int i=0; i<a.length; i++) {
            // 各値を足します
            sum += a[i];
        }
        // 平均値を計算します
        float average = (float)sum / a.length;

        // 結果を表示します
        System.out.println("平均=" + average);
    }
}
```

結果!

平均=4.8

Swiftで平均値を求める

小数を求める計算を行うので、計算に使うsumとデータの個数の両方を「**Float()**」に入れて、小数データに変換してから計算を行います。Swiftは違う種類の数値の計算ができないので、同じ種類にそろえる必要があるのです。

入力してみよう！

```swift
// データを配列に用意します

var a = [1,3,10,2,8]
// 合計値を0に初期化します
var sum = 0
// データの個数だけくり返します
for i in 0..<a.count {
    // 各値を足します
    sum += a[i]
}
// 平均値を計算します
var average = Float(sum) / Float(a.count)

// 結果を表示します
print("平均=",average)
```

結果！

```
平均= 4.8
```

VBA で平均値を求める

「合計値 / 個数」の計算結果を求めるとき配列の個数が必要です。**UBound()** は、0 からはじまる配列の最大値を求めるので、For 文ではそのまま使えるので便利ですが、個数を求めるときにはこれに 1 を足して使います。

値の表示は、「**Debug.Print "平均 ="** & **<変数名>**」と指定します。

入力
してみよう!

```
Sub average()
    Dim a, sum, average

        'データを配列に用意します
        a = Array(1, 3, 10, 2, 8)
        ' 合計値を0に初期化します
        sum = 0
        ' データの個数だけくり返します
        For i = 0 To UBound(a)
            ' 各値を足します
            sum = sum + a(i)
        Next i
        ' 平均値を計算します
        average = sum / (UBound(a) + 1)
        ' 結果を表示します
        Debug.Print "平均 = " & average
    End Sub
```

結果!

平均 =4.8

Swift

VBA

4.4
最大値、最小値

「ハイスコアを知りたいとき」や「いろいろな店の
最安値を知りたいとき」などは、「最大値を探すア
ルゴリズム」や「最小値を探すアルゴリズム」を
使います。

最大値とは「すべてのデータの中で最も大きい値」
最小値とは「すべてのデータの中で最も小さい値」
です。「最大値」と「最小値」は、ほとんど同じ
方法で求めることができます。大きい値を調べるのか、小さい値を調べるのか、の違いだけです。
この本では「最大値を探すアルゴリズム」を紹介します。
「すべてのデータを順番に見ていく」という意味では、合計値のアルゴリズムと似ています。どちらも
「くり返し」を使ってすべてのデータを順番に調べていきます。

**ひとこと
で言うと!**

> # 最大値とは……
> # すべての値で最も大きい値
> # 最小値とは……
> # すべての値で最も小さい値

▶	目的	：データの最大値を探すこと
▶	現状	：わかっているのは、「データの個数」と「それぞれの値」
▶	結果	：求める結果は、「すべてのデータの中で最大の値」

アルゴリズムのイメージと手順

「最大値を求めること」とは、「たくさんのデータの中から最も大きい値を探し出すこと」です。

配列に入っているたくさんのデータを、順番に見ていって、最大値かどうかを調べていきます。

① まず「見つけた最大値を入れる変数」を用意します。ここには最初、仮に「配列の先頭の値」を「暫定の最大値」として入れておきます。

② 配列の最後まで、③をくり返して、比較していきます。

③ もし「暫定の最大値の変数」よりも大きい値が見つかったら、「見つけた最大値を入れる変数」をその値で上書きして、新しい暫定の最大値とします。
配列の最後まで調べ終わったとき、この配列の最大値が得られます。

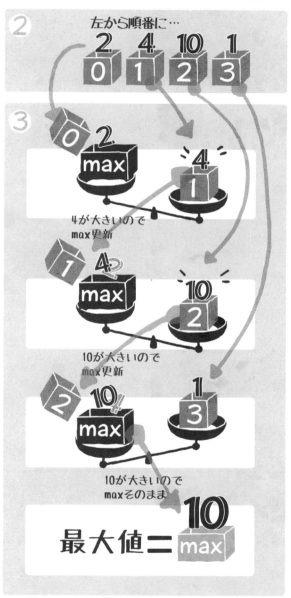

フローチャート

これを「フローチャート」で表してみましょう。
データを配列に入れて準備したところからスタートです。

① 最大値を入れる変数を「max」とします。初期値として「先頭（0番）の値」を入れておきます。（これが暫定的な最大値になります。）

② 配列の最後まで、③をくり返して、比較していきます。

③ 「maxの値」と「配列の値」を比べます。もし「配列の値」のほうが大きければ、

④ 「maxの値」を「配列の値」で上書きして変更します。

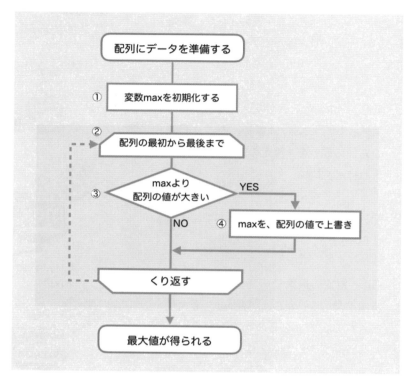

（※最小値（変数「min」）を求めるときは、ここを変更します。「配列の値」の方が小さければ、「minの値」を「配列の値」で上書きして変更します。）

⑤ 配列の最後まで調べ終わったら、処理は終了です。

⑥ 最大値の変数（max）の値が、求める結果です。

プログラム

フローチャートができたので、これを各プログラミング言語で記述してみましょう。
「くり返し（反復構造）」は、ほとんどの言語では「for文」で行います。
「条件判断（分岐構造）」は、ほとんどの言語では「if文」で行います。「最大値」より「配列の値」が大きいかどうかを調べて、上書きするかしないかを判断します。

Python で最大値を求める

入力
してみよう!

結果!

最大値= 10

```python
# -*- coding: utf-8 -*-
# データを配列に用意します
a = [1,3,10,2,8]
# 最大値に最初の値を入れて初期化します
max = a[0]
# 2つ目から最後まで、くり返します
for i in range(1,len(a)):
    # もし最大値よりも値が大きければ
    if (max < a[i]):
        # 最大値を値で上書きします
        max = a[i]
# 結果を表示します
print("最大値=",max)
```

JavaScript で最大値を求める

入力
してみよう!

結果!

最大値=10

```javascript
<script>
    // データを配列に用意します
    var a = [1,3,10,2,8];
    // 最大値に最初の値を入れて初期化します
    var max = a[0];
    // 2つ目から最後まで、くり返します
    for (var i=1; i<a.length; i++) {
        // もし最大値よりも値が大きければ
        if (max < a[i]) {
            // 最大値を値で上書きします
            max = a[i];
        }
    }
    // 結果を表示します
    alert("最大値="+max);
</script>
```

Python

Java
Script

PHPで最大値を求める

```php
<?php
    // データを配列に用意します
    $a = array(1,3,10,2,8);
    // 最大値に最初の値を入れて初期化します
    $max = $a[0];
    // 2つ目から最後まで、くり返します
    for ($i=1; $i<count($a); $i++) {
        // もし最大値よりも値が大きければ
        if ($max < $a[$i]) {
            // 最大値を値で上書きします
            $max = $a[$i];
        }
    }

    // 結果を表示します
    print("最大値=",$max);
?>
```

結果!

最大値=10

C で最大値を求める

```c
#include <stdio.h>

int main(int argc, char *argv[]) {
    // データを配列に用意します
    int a[] = {1,3,10,2,8};
    // 最大値に最初の値を入れて初期化します
    int max = a[0];
    // 要素の個数を調べます
    int length = sizeof(a)/sizeof(int);
    // 2つ目から最後まで、くり返します
    int i;
    for (i=1; i<length; i++) {
        // もし最大値よりも値が大きければ
        if (max < a[i]) {
            // 最大値を値で上書きします
            max = a[i];
        }
    }

    // 結果を表示します
    printf("最大値=%d",max);
}
```

結果!

最大値=10

```csharp
using System;

namespace test
{
  internal class Program
  {
    static void Main(string[] args)
    {
        // データを配列に用意します
        int[] a = new int[] {1,3,10,2,8};

        // 最大値に最初の値を入れて初期化します
        int max = a[0];
        // 要素の個数を調べます
        int length = a.Length;
        // 2つ目から最後まで、くり返します
        int i;
        for (i=1; i<length; i++) {
            // もし最大値よりも値が大きければ
            if (max < a[i]) {
               // 最大値を値で上書きします
               max = a[i];
            }
        }

        // 値を表示します
        Console.WriteLine("最大値={0} ",max);
    }
  }
}
```

結果!

最大値=10

Javaで最大値を求める

入力
してみよう!

結果!

最大値=10

```java
class Max {
    public static void main(String[] args) {
        // データを配列に用意します
        int a[] = {1,3,10,2,8};
        // 最大値に最初の値を入れて初期化します
        int max = a[0];
        // 2つ目から最後まで、くり返します
        for (int i=1; i<a.length; i++) {
            // もし最大値よりも値が大きければ
            if (max < a[i]) {
                // 最大値を値で上書きします
                max = a[i];
            }
        }
        // 結果を表示します
        System.out.println("最大値=" + max);
    }
}
```

Swiftで最大値を求める

入力
してみよう!

結果!

最大値= 10

```swift
// データを配列に用意します
var a = [1,3,10,2,8]
// 最大値に最初の値を入れて初期化します
var max = a[0]
// 2つ目から最後まで、くり返します
for i in 1..<a.count {
    // もし最大値よりも値が大きければ
    if (max < a[i]) {
        // 最大値を値で上書きします
        max = a[i]
    }
}
// 結果を表示します
print("最大値=",max)
```

VBAで最大値を求める

```
Sub minMax()
    Dim a, max

    'データを配列に用意します
    a = Array(1, 3, 10, 2, 8)
    ' 最大値に最初の値を入れて初期化します
    max = a(0)
    ' 2つ目から最後まで、くり返します
    For i = 1 to UBound(a)
        ' もし最大値よりも値が大きければ
        if max < a(i) Then
            ' 最大値を値で上書きします
            max = a(i)
        End If
    Next i
    ' 結果を表示します
    Debug.Print "最大値=" & max
End Sub
```

第4章　簡単なアルゴリズム

最大値=10

4.5
データの交換

「2つの変数の値を入れ替えたいとき」は、
「データを交換するアルゴリズム」を使います。

CHANGE

ひとこと で言うと!

データの交換とは……
2つの変数の値を入れ替えること

▶	目的	：データの値を交換すること
▶	現状	：わかっているのは、「1つ目の変数の値」と「2つ目の変数の値」
▶	結果	：求める結果は、「1つ目の変数に2つ目の値が、2つ目の変数に1つ目の値が入ること」

アルゴリズムのイメージと手順

2つのデータを交換するなんて、一見簡単なように思えますね。
2つの変数の値を、それぞれお互いの変数に入れればいいだけのように思えます。ですが、実際にやってみるとうまくいかないのです。

例えば、aに10、bに20が入った状態
で、単純にこれを交換してみましょう。

① まず、aに、bの値を入れると、aには
20が入ります。

② 次に、bに、aの値を入れましょう。と
ころが、aはすでに20に変更されてし
まっているので、bも20となり、2つ
とも同じ値になってしまいます。

「処理を順番に行っていく」ため、片方の
データが先に上書きされてしまうためで
す。そこで、上書きされても大丈夫なよ
うに、もう1つ変数を用意して、「データ
を待避させておく場所」を作るという方法
で、データの交換を実現できます。

aに10、bに20が入った状態があります。
さらに、仮置き場となる変数（例えば、t）
を用意します。

※t（またはtmp、tempなど）は、temporary
の略で「一時的な変数」に使われる名前です。

① まず、tに、aの値を入れてデータを待
避させておきます。

② 次に、aに、bの値を入れると、aに20が入ります。

③ bには、待避させていたtの値を入れます。

これで、2つのデータを交換することができるのです。

第4章　簡単なアルゴリズム

フローチャート

これを「フローチャート」で表してみましょう。

例えば、変数「a」と変数「b」を交換する場合で考えてみます。

まず、変数「a」に10、変数「b」に20を入れて準備しておきます。

① t に、a の値を入れます。
② a に、b の値を入れます。
③ b に、t の値を入れます。

これで、2つのデータを交換することができます。

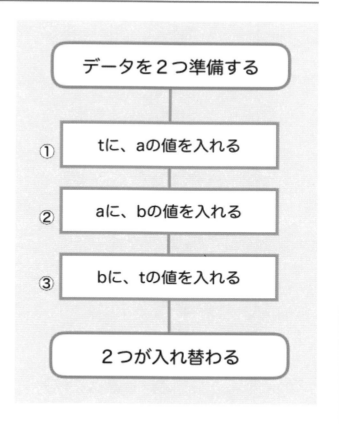

プログラム

フローチャートができたので、これを各プログラミング言語で記述してみましょう。

変数を3つ使って、値の入れ替えを行います。

Python でデータの交換

入力
してみよう!

```python
# -*- coding: utf-8 -*-
# 交換前のデータです
a = 10
b = 20
# tに、aの値を入れて待避させます
t = a
# aに、bの値を入れます
a = b
# bに、待避させたtの値を入れます
b = t

# 結果を表示します
print("a=",a,",b=",b)
```

結果!

a= 20 ,b= 10

JavaScript でデータの交換

入力
してみよう!

```javascript
<script>
    // 交換前のデータです
    var a = 10;
    var b = 20;
    // tに、aの値を入れて待避させます
    var t = a;
    // aに、bの値を入れます
    a = b;
    // bに、待避させたtの値を入れます
    b = t;

    // 結果を表示します
    alert("a="+a+",b="+b);
</script>
```

結果!

a=20,b=10

PHP でデータの交換

```php
<?php
    // 交換前のデータです
    $a = 10;
    $b = 20;

    // tに、aの値を入れて待避させます
    $t = $a;
    // aに、bの値を入れます
    $a = $b;
    // bに、待避させたtの値を入れます
    $b = $t;

    // 結果を表示します
    print("a=".$a.",b=".$b);
?>
```

結果!

```
a=20,b=10
```

Python

Java
Script

PHP

C

C#

Java

Swift

VBA

C でデータの交換

入力
してみよう!

```c
#include <stdio.h>

int main(int argc, char *argv[]) {
    // 交換前のデータです
    int a = 10;
    int b = 20;
    int t;
    // tに、aの値を入れて待避させます
    t = a;
    // aに、bの値を入れます
    a = b;
    // bに、待避させたtの値を入れます
    b = t;
    // 結果を表示します
    printf("a=%d,b=%d",a,b);
}
```

結果!

```
a=20,b=10
```

C# でデータの交換

```
using System;

namespace test
{
  internal class Program
  {
    static void Main(string[] args)
    {
        // 交換前のデータです
        int a = 10;
        int b = 20;
        int t;

        // tに、aの値を入れて待避させます
        t = a;
        // aに、bの値を入れます
        a = b;
        // bに、待避させたtの値を入れます
        b = t;

        // 値を表示します
        Console.WriteLine("a={0},b={1} ",a,b);
    }
  }
}
```

```
a=20,b=10
```

Javaでデータの交換

入力
してみよう!

```java
class Swap {

    public static void main(String[] args) {
        // 交換前のデータです
        int a = 10;
        int b = 20;
        int t;
        // tに、aの値を入れて待避させます
        t = a;
        // aに、bの値を入れます
        a = b;
        // bに、待避させたtの値を入れます
        b = t;
        // 結果を表示します
        System.out.println("a="+a+",b="+b);
    }
}
```

結果!

```
a=20,b=10
```

Swiftでデータの交換

入力
してみよう!

```swift
// 交換前のデータです
var a = 10
var b = 20
var t = 0

// tに、aの値を入れて待避させます
t = a
// aに、bの値を入れます
a = b
// bに、待避させたtの値を入れます
b = t
// 結果を表示します
print("a=",a,",b=",b)
```

結果!

```
a= 20 ,b= 10
```

C#

Java

Swift

VBAでデータの交換

```
Sub swap()
    Dim a, b, t

    '  交換前のデータです
    a = 10
    b = 20
    '  tに、aの値を入れて待避させます
    t = a
    '  aに、bの値を入れます
    a = b
    '  bに、待避させたtの値を入れます
    b = t
    '  結果を表示します
    Debug.Print "a=" & a & ",b=" & b
End Sub
```

結果!

```
a=20,b=10
```

第 **5** 章
サーチ
アルゴリズム

サーチとは、
「大量のデータの中から、目的のデータを見つけること」です。
いろいろなサーチアルゴリズムを知りましょう。
プログラミング言語での具体的な書き方も紹介します。

5.1

サーチ（探索）アルゴリズムとは

サーチアルゴリズムとは

「サーチ」とは、「大量のデータの中から、目的のデータを見つけること」です。

ネット上にあるデータや、辞書データ、顧客情報、売上情報など、多くのデータを扱うことはよくあります。データが大量にあるということは、いろいろな情報を知ることができるのでいいことなのですが、ただそのまま保存されているだけでは多すぎて、特定の情報を知ることが難しくなります。

このようなとき「大量のデータの中から、目的のデータを探し出すため」に、「サーチ」を使います。

サーチのアルゴリズムには、いろいろな種類があります。
この本では、その中でもわかりやすい「リニアサーチ」と「バイナリサーチ」を紹介します。

リニアサーチ

最も単純なアルゴリズムのひとつで、わかりやすいアルゴリズムです。

バイナリサーチ

調べる範囲を半分に絞りながら探していくアルゴリズムで、高速に検索できます。

5.2
リニアサーチ(線形探索法)

リニアサーチ（線形探索法）は、最も単純なアルゴリズムのひとつで、初心者にわかりやすいアルゴリズムです。

方法は、「先頭から順番に探す値が見つかるまで探していくだけ」です。

配列を「直線的（リニア）に」探していくので「リニアサーチ」と呼ばれます。

単純でわかりやすいのですが、値をひとつひとつ調べていくのでデータが大量になると時間のかかる方法です。

リニアサーチとは……
先頭から順番に値を探す方法

▶ 目的	：	配列からある値を探すこと
▶ 現状	：	わかっているのは、データの「個数」と「それぞれの値」、それと「探す値」
▶ 結果	：	求める結果は、「値があるか」「どこにあるか」
▶ メリット	：	プログラムが単純で実装しやすい
▶ デメリット	：	処理速度が遅い

アルゴリズムのイメージ

リニアサーチは、私たちが日常生活の中で何かを探すとき行う方法に似ています。

データを端から順番に「探す値が見つかるまで」調べていく方法です。
「最大値のアルゴリズム」もたくさんのデータの中から最も大きい値を「探し出すこと」なので、これと似たアルゴリズムですね。

サーチアルゴリズムの工夫

サーチのアルゴリズムでは、さらに結果の表し方に工夫があります。
結果には「目的の値があるかどうか」と「目的の値のある場合は、そのデータは配列のどこにあるか」という2つの情報が必要です。これらを「1つの変数」でまとめて扱おうという工夫なのです。
探す値が見つかったときは、そのデータの「配列の番号」は必ず「0以上の整数」です。決して「マイナスの値」にはなりません。これを利用して、

> ❶ 探す値が見つかったときは、配列の番号（0以上の整数）を使う。
> ❷ 探す値が見つからなかったときは、マイナスの値を使う。

というルールにします。こうすれば、1つの変数で「値があるか」「どこにあるか」の2つの情報を知ることができるのです。

> ❸ 結果の値が0以上の整数のときは、「探す値が見つかった」ことがわかります。
> ❹ 結果の値がマイナスのときは、「探す値が見つからなかった」ことがわかります。

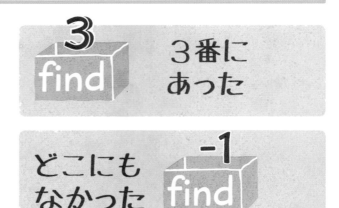

具体的な手順

これを、具体的な手順で考えてみましょう。

■準備

① まず、「結果を入れる変数」を用意します。こ
こには最初「マイナスの値（-1）」を入れてお
きます。

このあと探索していって、もし見つかったら、その配列の番号で上書きされるのでマイナスの値ではな
くなります。しかし、もし最後まで見つからなかったら、値が上書きされることはありませんから、この
まま「マイナスの値（-1）」となり、探す値がなかったことがわかるというわけです。

■探索する

② 先頭から末尾までくり返し、値を調べます。

③ 「調べた値」と「探す値」が同じなら、探索
完了です。

④ 「結果の変数」を「その配列の番号」で上書
きして、くり返しを終了します。

■結果

くり返しが終わったとき、「結果の変数」として答
えが得られます。

⑤ 0以上の値だったら、値があったことがわかり、
どこにあるかがその番号でわかります。

⑥ マイナスの値だったら、値がなかったことがわ
かります。

フローチャート

これを「フローチャート」で表してみましょう。

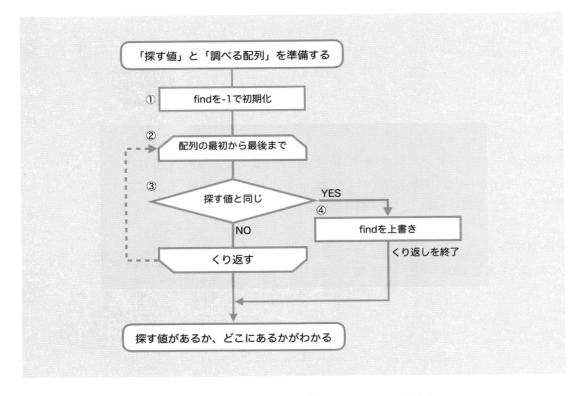

① まず、「結果を入れる変数（find）」を用意して「-1」を入れておきます。

② 先頭から末尾まで比較をくり返します。

③ 「探す値」と同じ値かどうかを比較します。

④ もし同じ値なら、「結果を入れる変数（find）」を「その配列の番号」で上書きして、くり返しを終了します。

くり返しが終わったとき、「結果を入れる変数（find）」を見ると「値があるか」「どこにあるか」がわかります。

プログラム

フローチャートができたので、これを各プログラミング言語で記述してみましょう。

ほとんどの言語では「くり返し（反復構造）」は「for文」、「条件判断（分岐構造）」は「if文」で行います。

「for文」のくり返しを中断させたいときは、「if文」と「break文」を使います。「if文」の中で「break文」が実行されると、「for文」のくり返しが終了します。

for文で、
最初から最後まで

for文は「for（初期値；条件式；増減式）」と指定
しますが、ここで使う「条件式」は「条件を満たす
あいだはくり返す」という意味なので注意しましょう。
例えば、「for（i=0；i < n；i++）」と指定したときは、
「iがnになるまでくり返す」という意味ではなく、「i
がnより小さいあいだ（つまりn-1まで）くり返す」
という意味です。

配列はうまくできていて、最初は0から始まり、個
数もわかるので、「配列の最初から最後までをくり
返すとき」は、「for（i=0；i<個数；i++）」とシンプ
ルに書くことができます。

Python

Pythonで探索する

入力
してみよう！

```python
# -*- coding: utf-8 -*-

# 検索する配列データです
a = [10,3,1,4,2]
# この値を探します
searchValue = 4
# 見つかったときの番号。初期値は、エラーの値（-1）にしておきます
findID = -1

# 配列のすべての値を調べていきます
for i in range(len(a)):
    # 配列の値と、探す値が同じなら
    if a[i] == searchValue :
        # その番号を保存して、くり返しを終了します
        findID = i
        break

# 検索結果を表示します
print("見つかった番号=",findID)
```

結果！

見つかった番号= 3

JavaScriptで探索する

入力
してみよう!

```
<script>
    // 検索する配列データです
    var a = [10,3,1,4,2];
    // この値を探します
    var searchValue = 4;
    // 見つかったときの番号。初期値は、エラーの値（-1）にしておきます
    var findID = -1;

    // 配列のすべての値を調べていきます
    for (var i=0; i < a.length; i++) {
        // 配列の値と、探す値が同じなら
        if (a[i] == searchValue) {
            // その番号を保存して、くり返しを終了します
            findID = i;
            break;
        }
    }
    // 検索結果を表示します
    alert("見つかった番号="+ findID);
</script>
```

結果!

見つかった番号=3

PHPで探索する

入力
してみよう!

```php
<?php
    // 検索する配列データです
    $a = array(10,3,1,4,2);
    // この値を探します
    $searchValue = 4;
    // 見つかったときの番号。初期値は、エラーの値（-1）にしておきます
    $findID = -1;

    // 配列のすべての値を調べていきます
    for ($i=0; $i<count($a); $i++) {
        // 配列の値と、探す値が同じなら
        if ($a[$i] == $searchValue) {
            // その番号を保存して、くり返しを終了します
            $findID = $i;
            break;
        }
    }

    // 検索結果を表示します
    print("見つかった番号=".$findID);
?>
```

結果!

```
見つかった番号=3
```

Cで探索する

入力してみよう!

```
#include <stdio.h>

int main(int argc, char *argv[]) {
    // 検索する配列データです
    int a[] = {10,3,1,4,2};
    // この値を探します
    int searchValue = 4;
    // 見つかったときの番号。初期値は、エラーの値（-1）にしておきます
    int findID = -1;

    // 要素の個数を調べます
    int length = sizeof(a)/sizeof(int);
    // 配列のすべての値を調べていきます
    int i;
    for (i=0; i<length; i++) {
        // 配列の値と、探す値が同じなら
        if (a[i] == searchValue) {
            // その番号を保存して、くり返しを終了します
            findID=i;
            break;
        }
    }

    // 検索結果を表示します
    printf("見つかった番号 =%d",findID);
}
```

結果!

見つかった番号=3

C# で探索する

```csharp
using System;

namespace test
{
    internal class Program
    {
        static void Main(string[] args)
        {
            // データを配列に用意します
            int[] a = new int[] {10,3,1,4,2};
            // この値を探します
            int searchValue = 4;
            // 見つかったときの番号。初期値は、エラーの値（-1）にしておきます
            int findID = -1;

            // 要素の個数を調べます
            int length = a.Length;
            // 配列のすべての値を調べていきます
            int i;
            for (i=0; i<length; i++) {
                // 配列の値と、探す値が同じなら
                if (a[i] == searchValue) {
                    // その番号を保存して、くり返しを終了します
                    findID=i;
                    break;
                }
            }

            // 値を表示します
            Console.WriteLine("見つかった番号={0} ",findID);
        }
    }
}
```

見つかった番号=3

Javaで探索する

入力
してみよう!

```java
class LineSearch {

    public static void main(String[] args) {

        // 検索する配列データです
        int a[] = {10,3,1,4,2};
        // この値を探します
        int searchValue = 4;
        // 見つかったときの番号。初期値は、エラーの値（-1）にしておきます
        int findID = -1;

        // 配列のすべての値を調べていきます
        for (int i=0; i<a.length; i++) {
            // 配列の値と、探す値が同じなら
            if (a[i] == searchValue) {
                // その番号を保存して、くり返しを終了します
                findID = i;
                break;
            }
        }

        // 検索結果を表示します
        System.out.println("見つかった番号="+findID);
    }
}
```

結果!

見つかった番号=3

Swiftで探索する

```swift
// 検索する配列データです
let a = [10,3,1,4,2]
// この値を探します
let searchValue = 4
// 見つかったときの番号。初期値は、エラーの値（-1）にしておきます
var findID = -1

// 配列のすべての値を調べていきます
for i in 0..<a.count {
    // 配列の値と、探す値が同じなら
    if a[i] == searchValue {
        // その番号を保存して、くり返しを終了します
        findID = i
        break
    }
}

// 検索結果を表示します
print("見つかった番号 =",findID)
```

結果!

```
見つかった番号 = 3
```

Java

Swift

VBA で探索する

```
Sub linerSearch()
    Dim a, searchValue, findID
    ' 検索する配列データです
    a = Array(10, 3, 1, 4, 2)
    ' この値を探します
    searchValue = 4
    ' 見つかったときの番号。初期値は、エラーの値（-1）にしておきます
    findID = -1

    ' 配列のすべての値を調べていきます
    For i = 0 To UBound(a)
        ' 配列の値と、探す値が同じなら
        If a(i) = searchValue Then
            ' その番号を保存して、くり返しを終了します
            findID = i
            Exit For
        End If
    Next i

    ' 検索結果を表示します
    Debug.Print "見つかった番号 =" & findID
End Sub
```

結果!

見つかった番号 =3

バイナリサーチ(二分探索法)

バイナリサーチ（二分探索法）は、高速に検索できるアルゴリズムです。

「調べる範囲を半分に絞りながら探していく方法」なので、調べる範囲をすばやく絞り込んでいけます。

範囲を「二つ（バイナリ）に分けて」探していくので「バイナリサーチ」と呼ばれます。

データがバラバラに並んでいると規則性がないので、ひとつひとつ調べていくしかありません。そこで、データをあらかじめ順番に並べて規則性を作り、その規則性を利用して探していくのです。

ですからバイナリサーチでは、必ずデータをソートしておく（順番に並べる）という処理が必要になります。

ひとこと で言うと!

> ## バイナリサーチとは……
> ## 調べる範囲を半分に絞りながら探す方法

VBA

▶ **目的** ：配列からある値を探すこと

▶ **現状** ：わかっているのは、整列済みデータの「個数」と「それぞれの値」、それと「探す値」

▶ **メリット** ：処理速度が速い

▶ **デメリット** ：データはあらかじめ整列済みにしておく必要がある

アルゴリズムのイメージ

昇順（小さい順）に並んだデータは「ある値」に注目したとき、「ある値の左側にはある値より小さい値」「ある値の右側にはある値より大きい値」しかありません。「すべてのデータを調べなくても、1つの値を調べるだけで多くの値の大小を知ることができる」のです。バイナリサーチは、この性質を利用します。

> ・ある値より左側には、ある値より小さい値しかない。
> ・ある値より右側には、ある値より大きい値しかない

まず、「真ん中の値」を調べます。もし、たまたま「探す値」と一致すればそこで探索は終了です。

もし「真ん中の値」が「探す値」より小さければ、「真ん中より左側には、もっと小さい値しかない」わけですから、左半分は調べる必要はありません。残った右半分を調べていけばよいことがわかります。次は、右半分の範囲だけを調べていきます。

逆に、もし「真ん中の値」が「探す値」
より大きければ、「真ん中より右側には、
もっと大きい値しかない」わけですから、
右半分は調べる必要はありません。残っ
た左半分を調べていけばよいことがわか
ります。
次に、左半分の範囲だけを調べていきま
す。

このように「真ん中の値を調べる」ことで、
調べる範囲を半分に絞っていけるので、
少ない回数で値を探し出すことができる
方法です。

具体的な手順

これを、具体的な手順で考えてみましょう。

■準備

① まず、「結果を入れる変数」を用意します。ここには最初、見つかっていないことを表す「マイナスの値（-1）」を入れておきます。

② 調べる範囲の左端と、右端の位置を決めます。例えば、データが5つある場合は、左端は0番、右端は4番です。この左と右の間の範囲を調べていくことになります。

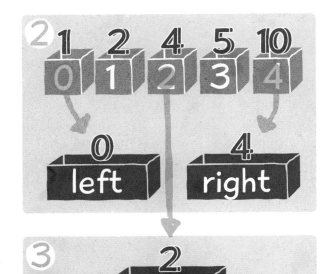

■探索する

③ 左端と右端が決まったら、その真ん中の位置を求めます。0番と4番の真ん中は2番です。この2番の箱に入っている値「4」が「真ん中の値」です。この値について調べていきましょう。

④「真ん中の値」が「探す値」と一致し
たら、「結果の変数」を「その配列の
番号」で上書きして、くり返しを終了し
ます。

⑤「真ん中の値」が「探す値」より小さ
ければ、そこより左側にはもっと小さ
い値しかないわけですから、左半分は
調べる必要がありません。調べる範囲
の左端を移動して、調べる範囲を狭め
ます。

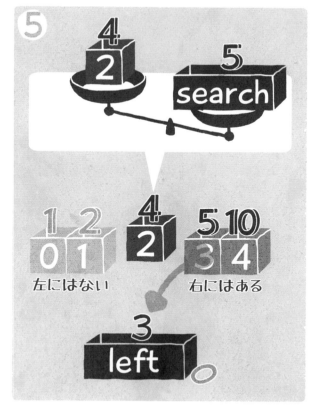

⑥ 「真ん中の値」が「探す値」より大き
ければ、そこより右側にはもっと大き
い値しかないわけですから、右半分は
調べる必要がありません。調べる範囲
の右端を移動して、調べる範囲を狭め
ます。

⑦ 調べる左端と右端の間にデータが存
在する間は、③〜⑥をくり返します。

■結果

⑧ くり返しが終わったとき、「結果の変数」に答えが入っています。

0以上の値だったら、値があったことがわかり、どこにあるかがその番号でわかります。

マイナスの値だったら、値がなかったことがわかります。

フローチャート

これを「フローチャート」で表してみましょう。

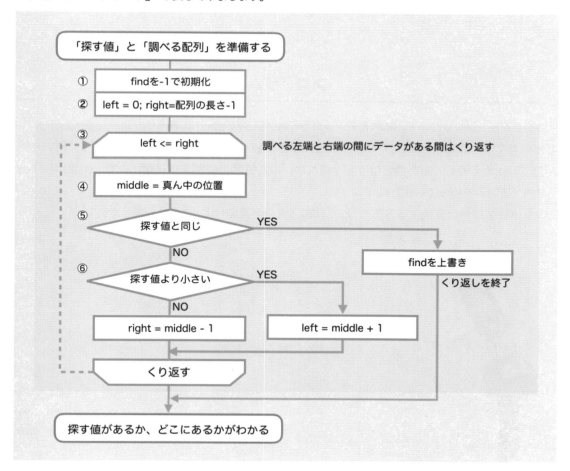

① まず、「結果を入れる変数（find）」を用意して「-1」を入れておきます。

② 調べる範囲の左端の位置（left）と、右端の位置（right）を決めます。

③ 調べる左端（left）と右端（right）の間にデータがある間は、くり返します。

④ 左端と右端の真ん中の位置（middle）を決めます。

⑤「真ん中の値」が「探す値」と同じなら、「結果を入れる変数（find）」を「その配列の番号」で上書きして、くり返しを終了します。

⑥「真ん中の値」が「探す値」より小さければ、そこより左にはさらに小さい値しかないので、調べる範囲の左端をmiddleの1つ右にします。そうでなかったら（「真ん中の値」が大きければ）、そこより右にはさらに大きい値しかないので、調べる範囲の右端をmiddleの1つ左にします。

くり返しが終わったとき、「結果を入れる変数（find）」を見れば、「値があるか」「どこにあるか」がわかります。

このアルゴリズムの特徴（まとめ）

バイナリサーチは、順番に並んでいる規則性を利用して、調べなくてよい半分を切り捨てていくサーチです。

プログラム

フローチャートができたので、これを各プログラミング言語で記述してみましょう。

配列の真ん中の位置（middle）を求める時、左端（left）と右端（right）を足して2で割れば求まります。しかし奇数だった場合は、割り切れないので特定の位置を指せないので、小数点以下を切り捨てる対策を行っておきます。

この「小数を整数に変換する方法」は、プログラミング言語によって違いがあります。

Python で探索する

Pythonは、小数を整数にするとき「int(<数値>)」を使います。

入力
してみよう!

```python
# -*- coding: utf-8 -*-

# 検索する配列データです
a = [1,2,4,5,10]
# 探す値です
searchValue = 4
# 見つかったデータの配列番号です。初期値は、エラーの値（-1）にしておきます
findID = -1

# 調べる左端の番号です
left = 0
# 調べる右端の番号です
right = len(a)-1
# 調べる左端と右端の間にデータがある間は、くり返します
while left <= right:
    # 左右の真ん中の番号を調べる位置にします
    middle = int((left + right) / 2)
    # 調べる位置の値と、探す値を比較して
    if a[middle] == searchValue:
        # 同じなら、その番号を保存してくり返しを終了します
        findID = middle
        break
    elif a[middle] < searchValue:
        # 探す値より小さければ、そこより左に探すデータはないので、左端を移動します
        left = middle + 1
    else :
        # 探す値より大きければ、そこより右に探すデータはないので、右端を移動します
        right = middle - 1

# 検索結果を表示します
print("見つかった番号=",findID)
```

結果!

見つかった番号= 2

JavaScriptで探索する

JavaScriptは、小数を整数にするとき「**Math.floor(＜数値＞)**」を使います。

入力
してみよう!

```
<script>
    // 検索するソート済みの配列データです
    var a = [1,2,4,5,10];
    // 探す値です
    var searchValue = 4;
    // 見つかったデータの配列番号です。初期値は、エラーの値(-1)にしておきます
    var findID = -1;

    // 調べる左端の番号です
    var left = 0;
    // 調べる右端の番号です
    var right = a.length-1;
    // 調べる左端と右端の間にデータがある間は、くり返します
    while(left <= right) {
        // 左右の真ん中の番号を調べる位置にします
        middle = Math.floor((left + right) / 2);
        // 調べる位置の値と、探す値を比較して
        if (a[middle] == searchValue) {
            // 同じなら、その番号を保存してくり返しを終了します
            findID = middle;
            break;
        } else if (a[middle] < searchValue) {
            // 探す値より小さければ、そこより左に探すデータはないので、左端を移動
                します
            left = middle + 1;
        } else {
            // 探す値より大きければ、そこより右に探すデータはないので、右端を移動
                します
            right = middle - 1;
        }
    }

    // 検索結果を表示します
    alert("見つかった番号="+findID);
</script>
```

結果!

見つかった番号=2

PHPで探索する

PHPは、小数を整数にするとき「**floor(＜数値＞)**」を使います。

入力
してみよう!

```php
<?php
    // 検索するソート済みの配列データです
    $a = array(1,2,4,5,10);
    // 探す値です
    $searchValue = 4;
    // 見つかったデータの配列番号です。初期値は、エラーの値（-1）にしておきます
    $findID = -1;

    // 調べる左端の番号です
    $left = 0;
    // 調べる右端の番号です
    $right = count($a)-1;
    // 調べる左端と右端の間にデータがある間は、くり返します
    while($left <= $right) {
        // 左右の真ん中の番号を調べる位置にします
        $middle = floor(($left + $right) / 2);
        // 調べる位置の値と、探す値を比較して
        if ($a[$middle] == $searchValue) {
            // 同じなら、その番号を保存してくり返しを終了します
            $findID = $middle;
            break;
        } else if ($a[$middle] < $searchValue) {
            // 探す値より小さければ、そこより左に探すデータはないので、左端を移動
               します
            $left = $middle + 1;
        } else {
            // 探す値より大きければ、そこより右に探すデータはないので、右端を移動
               します
            $right = $middle - 1;
        }
    }

    // 検索結果を表示します
    print("見つかった番号=".$findID);
?>
```

結果!

見つかった番号=2

C で探索する

C は、小数を整数にするとき「**(int)(＜数値＞)**」を使います。

```c
#include <stdio.h>

int main(int argc, char *argv[]) {
    // 検索するソート済みの配列データです
    int a[] = {1,2,4,5,10};
    // 探す値です
    int searchValue = 4;
    // 見つかったデータの配列番号です。初期値は、エラーの値（-1）にしておきます
    int findID = -1;

    // 要素の個数を調べます
    int length = sizeof(a)/sizeof(int);
    // 見つける番号の初期値を、エラーの値（-1）にしておきます
    int find = -1;
    // 調べる左端の番号です
    int left = 0;
    // 調べる右端の番号です
    int right = length-1;
    // 調べる左端と右端の間にデータがある間は、くり返します
    while(left <= right) {
        // 左右の真ん中の番号を調べる位置にします
        int middle = (int)((left + right) / 2);
        // 調べる位置の値と、探す値を比較して
        if (a[middle] == searchValue) {
            // 同じなら、その番号を保存してくり返しを終了します
            findID = middle;
            break;
        } else if (a[middle] < searchValue) {
            // 探す値より小さければ、そこより左に探すデータはないので、左端を移動
            left = middle + 1;
        } else {
            // 探す値より大きければ、そこより右に探すデータはないので、右端を移動
            right = middle - 1;
        }
    }

    // 検索結果を表示します
    printf("見つかった番号=%d",findID);
}
```

第5章　サーチアルゴリズム

入力
してみよう!

見つかった番号=2

C# で探索する

C#は、小数を整数にするとき「(int)(<数値>)」を使います。

入力
してみよう!

```csharp
using System;

namespace test
{
    internal class Program
    {
        static void Main(string[] args)
        {
            // データを配列に用意します
            int[] a = new int[] {1,2,4,5,10};
            // 探す値です
            int searchValue = 4;
            // 見つかったデータの配列番号です。初期値は、エラーの値（-1）にしておき
                ます
            int findID = -1;

            // 要素の個数を調べます
            int length = a.Length;
            // 見つける番号の初期値を、エラーの値（-1）にしておきます
            int find = -1;
            // 調べる左端の番号です
            int left = 0;
            // 調べる右端の番号です
            int right = length-1;
            // 調べる左端と右端の間にデータがある間は、くり返します
            while(left <= right) {
                // 左右の真ん中の番号を調べる位置にします
```

▶続く

```
            int middle = (int)((left + right) / 2);
            // 調べる位置の値と、探す値を比較して
            if (a[middle] == searchValue) {
                // 同じなら、その番号を保存してくり返しを終了します
                findID = middle;
                break;
            } else if (a[middle] < searchValue) {
                // 探す値より小さければ、そこより左に探すデータはないので、左端を移動
                   します
                left = middle + 1;
            } else {
                // 探す値より大きければ、そこより右に探すデータはないので、右端を移動
                   します
                right = middle - 1;
            }
        }


        // 値を表示します
        Console.WriteLine("見つかった番号 ={0} ",findID);
    }
    }
}
```

結果!

見つかった番号 =2

Javaで探索する

Java は、小数を整数にするとき「(int)(<数値>)」を使います。

入力
してみよう!

```
class BinarySearch {

    public static void main(String[] args) {
        // 検索するソート済みの配列データです
        int a[] = {1,2,4,5,10};
        // 探す値です
        int searchValue = 4;
        // 見つかったデータの配列番号です。初期値は、エラーの値（-1）にしておき
           ます
        int findID = -1;
```

▶続く

```java
    // 調べる左端の番号です
    int left = 0;
    // 調べる右端の番号です
    int right = a.length-1;
    // 調べる左端と右端の間にデータがある間は、くり返します
    while(left <= right) {
        // 左右の真ん中の番号を調べる位置にします
        int middle = (int)((left + right) / 2);
        // 調べる位置の値と、探す値を比較して
        if (a[middle] == searchValue) {
            // 同じなら、その番号を保存してくり返しを終了します
            findID = middle;
            break;
        } else if (a[middle] < searchValue) {
            //     探す値より小さければ、そこより左に探すデータはないので、
            //     左端を移動します
            left = middle + 1;
        } else {
            //     探す値より大きければ、そこより右に探すデータはないので、
            //     右端を移動します
            right = middle - 1;
        }
    }

    // 検索結果を表示します
    System.out.println("見つかった番号="+findID);
    }
}
```

結果！

見つかった番号=2

$\mathbf{Swift}$ で探索する

Swiftは、小数を整数にするとき「**Int(<数値>)**」を使います。

入力
してみよう!

```swift
// 検索するソート済みの配列データです
let a = [1,2,4,5,10]
// 探す値です
let searchValue = 4
// 見つかったデータの配列番号です。初期値は、エラーの値（-1）にしておきます
var findID = -1

// 調べる左端の番号です
var left = 0
// 調べる右端の番号です
var right = a.count-1
// 調べる左端と右端の間にデータがある間は、くり返します
while(left <= right) {
    // 左右の真ん中の番号を調べる位置にします
    let middle = Int((left + right) / 2)
    // 調べる位置の値と、探す値を比較して
    if (a[middle] == searchValue) {
        // 同じなら、その番号を保存してくり返しを終了します
        findID = middle
        break
    } else if (a[middle] < searchValue) {
        // 探す値より小さければ、そこより左に探すデータはないので、左端を移動します
        left = middle + 1
    } else {
        // 探す値より大きければ、そこより右に探すデータはないので、右端を移動します
        right = middle - 1
    }
}

// 検索結果を表示します
print("見つかった番号=",findID)
```

結果!

```
見つかった番号= 2
```

VBAで探索する

VBAは、小数を整数にするとき「**Int(<数値>)**」を使います。

**入力
してみよう!**

```
Sub binSearch()
    Dim a, searchValue, findID
    Dim left, right, middle

    ' 検索する配列データです
    a = Array(1, 2, 4, 5, 10)
    ' この値を探します
    searchValue = 4
    ' 見つかったときの番号。初期値は、エラーの値（-1）にしておきます
    findID = -1

    ' 調べる左端の番号です
    left = 0
    ' 調べる右端の番号です
    right = UBound(a)
    ' 調べる左端と右端の間にデータがある間は、くり返します
    Do While left <= right:
        ' 左右の真ん中の番号を調べる位置にします
        middle = Int((left + right) / 2)
        ' 調べる位置の値と、探す値を比較して
        If a(middle) = searchValue Then
            ' 同じなら、その番号を保存してくり返しを終了します
            findID = middle
            Exit Do
        ElseIf a(middle) < searchValue Then
            ' 探す値より小さければ、そこより左に探すデータはないので、左端を移動
            します
            left = middle + 1
        Else
            ' 探す値より大きければ、そこより右に探すデータはないので、右端を移動
            します
            right = middle - 1
        End If
    Loop
    ' 検索結果を表示します
    Debug.Print "見つかった番号=" & findID
End Sub
```

結果!

見つかった番号=2

おまけ
ハッシュ法

線形探索法、二分探索法以外に、ハッシュ法という探索方法もあります。

▼

「ハッシュ関数を使ってデータをグループ分けする方法」です。検索したいデータをハッシュ関数に渡すと、グループ番号が出力されるのですぐにデータにアクセスできる方法です。

ハッシュ関数にはいろいろな手法がありますが、「出力されるデータは、ある範囲の整数に変換される」という性質があり、これを使ってデータを「ある範囲のグループ番号に変換」できます。また、「入力が同じなら出力は同じになる」という性質があるので、その検索システムで毎回同じ検索ができます。

▼

「1, 4, 5, 12, 29, 100, 583, 2347」というデータがあったとします。例えば、「5で割った余り」をハッシュ関数として使うと、以下の5つにグループ分けできます。

▼

グループ 0 ：［5, 100］
グループ 1 ：［1］
グループ 2 ：［12, 2347］
グループ 3 ：［583］
グループ 4 ：［4, 29］

▼

もし「583」を検索したいなら、5で割ると余りが「3」なので、グループ3を見るとデータが見つかります。

もし「2347」を検索したいなら、5で割ると余りが「2」なので、グループ2にあることがわかります。ハッシュ関数を使うと、複数のデータが同じグループに含まれることがあります。その場合、そのグループ内を順番に見ていくと、データが見つかります。

このように、同じグループのあるデータをリストでつないでたどれるようにする方法をチェイン法といいます。

第 **6** 章

ソート
アルゴリズム

ソートとは、
大量のデータを「ある順番で整列させて、わかりやすくすること」です。
いろいろなソートアルゴリズムを知りましょう。

6.1
ソート（整列）アルゴリズムとは

「ソート」とは、大量のデータを「順番に整列させて、わかりやすくすること」です。

ネット検索で出てきた情報や、商品の情報、成績表、アドレス帳など、多くのデータを扱うことはよくあります。データが大量にあることは、いろいろな情報を知ることができるのでいいことなのですが、ただ表示されているだけでは、情報が混ざりすぎて見ていくのが大変です。

このようなとき、「ソート」を使って大量のデータを順番に整列させてわかりやすくするのです。

ソートのアルゴリズムには、いろいろな種類があります。この本では「バブルソート」「選択ソート」「挿入ソート」「シェルソート」「クイックソート」の5つを紹介します。この他にも、バケツソート、マージソート、ヒープソート、コムソートなどいろいろなソートがあります。

バブルソート、選択ソート、挿入ソート　　シェルソート、クイックソート

単純なアルゴリズムで、わかりやすいアルゴリズムです。
この3つは、アルゴリズムの学習によく使われます。

少し難しいアルゴリズムですが、高速に整列できるアルゴリズムです。
左の3つを卒業したら、次に挑戦するアルゴリズムとして使われます。

6.2
バブルソート（単純交換法）

バブルソート（単純交換法）は、最も基本的なアルゴリズムのひとつで、「プログラムが単純」なので初心者にやさしいアルゴリズムです。「泡」が浮かび上がるように値が移動していくので「バブルソート」と呼ばれます。すべての隣り合った値を比べていって、小さい方が前に移動するように「交換していく方法」です。ただし、総当たりでくり返し比較交換していくので、データが大量になると処理に時間がかかるというデメリットがあります。少量のデータの並べ替えであれば問題ありませんが、大量のデータを速く並べ替えたいときは別の高速なアルゴリズムを使う方がよいでしょう。

バブルソートとは……

隣り合う値を交換しながら、泡のように値を浮かび上がらせる方法

▶	目的	：データを昇順（小さい順）に並べ替えること
▶	現状	：わかっているのは、データの「個数」と「それぞれの値」
▶	結果	：求める結果は、「昇順（小さい順）に並んだ配列」
▶	メリット	：プログラムが単純で実装しやすい
▶	デメリット	：処理速度が遅い

アルゴリズムのイメージ

バブルソートは「泡が浮かび上がるように値を移動させていく方法」です。

最初はすべて「整列していない状態」です。まず、一番小さい値が一番上に浮かび上がります。次に二番目に小さい値が浮かび上がります。このように上から順番に「整列済みの部分」が決まっていって、最終的にすべてが「整列済み」になるのです。

① 最初は、値が「整列していない状態」です。

② この中で最も小さい値を、先頭に浮かび上がらせます。

③ 次に、残りの中で最も小さい値を、その次に浮かび上がらせます。一番小さい値はすでに整列済みになっているので、次に浮かび上がるのは二番目に小さい値です。二番目に小さい値が二番目に並ぶことになります。

④ 同じように、残りの中で最も小さい値を上に浮かび上がらせていくと、最後までくり返せば、すべてが順番に並ぶことになります。

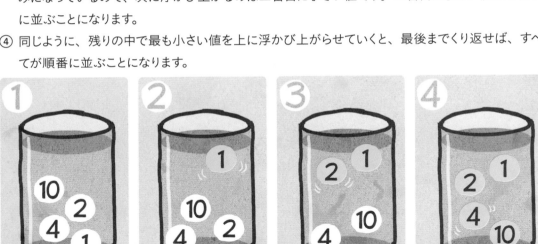

具体的な手順

これを、具体的な手順で考えるとどうなるでしょうか。

■ 現状

① まず、データを「配列」に入れて準備しておきます。最初は、まだ「整列していない状態」です。

■ 小さい値を浮かび上がらせていく

配列の中で「最も小さい値」を先頭（0番）に移動させて浮かび上がらせましょう。

ただし、すべてのデータを一度に比較することはできません。比較とは2つの値でしか行えないので、2つずつの比較を行いながら少しずつ浮かび上がらせていく必要があるのです。これが②〜④の手順です。

このとき、値を末尾から先頭に向かって浮かび上がらせるので、末尾から先頭に向かって調べていきます。

② 末尾の2つの値を比べます。もし後ろの方が小さい場合は、前方に移動させる必要があるので2つの値を交換します。交換には「交換するアルゴリズム」を利用します。もし後ろの方が大きい場合は、そのままでいいので次に進みます。

③ この比較を前方に向かって順番にくり返していきます。

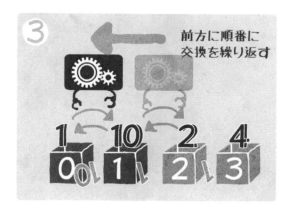

④ これを先頭（0番）までくり返すと、「最も小さい値」が先頭（0番）にやってくることになります。

■残った部分にも同じようにくり返していく

これで先頭の1つが「整列済みの部分」になり、残りが「整列していない部分」になりました。さらに残った部分にも同じようにくり返していきましょう。それが⑤〜⑥です。

⑤ 末尾から2つの値を比べて、小さい方を前に
　 移動していきます。

⑥ これを「整列していない部分」の中での先頭
　 （1番）までくり返します。
　 くり返しが終わったとき先頭の2つが「整列済
　 みの部分」になり、残りが「整列していない
　 部分」になりました。さらに同じようにして、く
　 り返していきます。

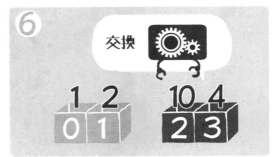

■結果

⑦ 最後までくり返しが終われば、すべての値が
　 昇順（小さい順）に並びます。

フローチャート

まず、全体的な流れから見ていきましょう。

バブルソートは、「小さい値を後ろから前に浮かび上がらせるくり返し」を行い、それを「残った部分（まだ整列していない部分）に対しても同じようにくり返していく」アルゴリズムです。

「整列していない部分（浮かび上がらせる範囲）」は、値が一番先頭に浮かび上がって決まるたびに、開始位置が1つずつ後ろへ移動して範囲が狭くなっていきます。

つまり、「残った部分に同じようにくり返していく」ということは、「浮かび上がらせる範囲の開始位置を、後ろに移動していく」ことでもあります。

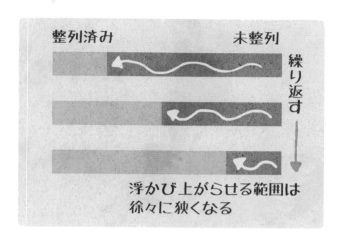

バブルソートとは、全体的な視点で見ると

> ❶「浮かび上がらせる範囲の開始位置を、後ろに移動していくくり返し」を行う。
> ❷その中で「小さい値を後ろから前に浮かび上がらせるくり返し」を行う。

という、二重のくり返しを行うアルゴリズムなのです。

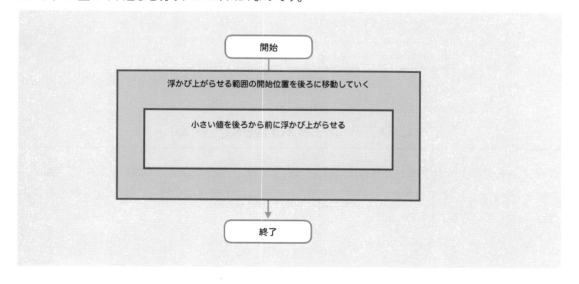

これを具体的な「フローチャート」で表してみましょう。

① まず「浮かび上がらせる範囲の開始位置を1つずつ後ろへ移動していくくり返し」を行います。
② その範囲の中で「後ろから前に向かって小さい値を浮かび上がらせるくり返し」を行います。
③ くり返しの中では、隣り合う2つの値を比べます。もし後ろの方が小さい値だったら2つを交換して、前に小さい値がくるようにします。もし後ろの方が大きい値だったら、何もしないで次へ進みます。
④ 2つの値の交換には「交換するアルゴリズム」を使います。
　 くり返しがすべて終わると、「ソートされた配列」ができあがります。

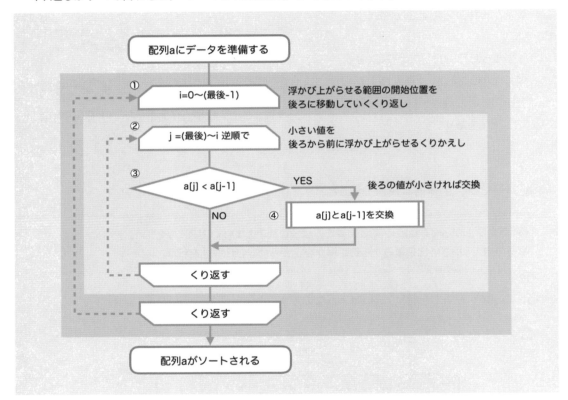

このアルゴリズムの特徴 (まとめ)

「2つの値の比較」を総当たりで漏れないように行い、少しずつ浮かび上がらせていく方法です。「プログラムが単純」なのでわかりやすいのですが、ただ単純に比較交換を行っていくため、無駄な交換をしてしまっているところもあります。

プログラム

フローチャートができたので、これを各プログラミング言語で記述してみましょう。
バブルソートは、「二重のくり返し」でできています。

▼

外側は「前から順番に進んでいくくり返し」で、内側は「後ろから前へ向かうくり返し」です。
この「後ろから前へ向かうくり返しの方法」は、プログラミング言語によって違いがあります。

Pythonで整列する

「くり返しの向き」は「for in 文」の範囲で指定します。
「range(<開始値>,<終了値>,<増減値>)」を使い、増減値に「-1」を指定します。

入力
してみよう!

```python
# -*- coding: utf-8 -*-

# ソート前の配列データです
a = [10,3,1,4,2]

# 調べる範囲の開始位置を1つずつ後ろへ移動していくくり返し
for i in range(len(a)-1):
    # 後ろから前に向かって小さい値を浮かび上がらせるくり返し
    for j in range(len(a)-1, i, -1):
        # 隣り合う2つの、後ろの方の値が小さかったら
        if (a[j] < a[j-1]) :
            # 交換して、前に移動します
            tmp = a[j]
            a[j] = a[j-1]
            a[j-1] = tmp

# ソート後の配列を表示します
print("ソート後=",a)
```

結果!

```
ソート後 = [1, 2, 3, 4, 10]
```

Python

JavaScriptで整列する

「くり返しの向き」は、「for文」の3つ目の増減値で指定します。通常「++」と指定するところを、「--」と指定すれば、後ろから前へ向かうくり返しになります。

入力してみよう!

```
<script>
    // ソート前の配列データです
    var a = [10,3,1,4,2];

    // 調べる範囲の開始位置を1つずつ後ろへ移動していくくり返し
    for (var i=0; i<a.length; i++) {
        // 後ろから前に向かって小さい値を浮かび上がらせるくり返し
        for (var j=a.length-1; j>i; j--) {
            // 隣り合う2つの、後ろの方の値が小さかったら
            if (a[j] < a[j-1]) {
                // 交換して、前に移動します
                var tmp = a[j];
                a[j] = a[j-1];
                a[j-1] = tmp;
            }
        }
    }

    // ソート後の配列を表示します
    alert("ソート後 ="+a);
</script>
```

結果!

ソート後=1,2,3,4,10

PHPで整列する

「くり返しの向き」は、「for文」の3つ目の増減値で指定します。通常「++」と指定するところを、「--」と指定すれば、後ろから前へ向かうくり返しになります。

入力してみよう!

```php
<?php
    // ソート前の配列データです
    $a = array(10,3,1,4,2);

    // 調べる範囲の開始位置を1つずつ後ろへ移動していくくり返し
    for ($i=0; $i<count($a)-1; $i++) {
        // 後ろから前に向かって小さい値を浮かび上がらせるくり返し
        for ($j=count($a)-1;$j>$i;$j--) {
            // 隣り合う2つの、後ろの方の値が小さかったら
            if ($a[$j] < $a[$j-1]) {
                // 交換して、前に移動します
                $tmp = $a[$j];
                $a[$j] = $a[$j-1];
                $a[$j-1] = $tmp;
            }
        }
    }

    // ソート後の配列を表示します
    print_r($a);
?>
```

結果!

```
Array
(
    [0] => 1
    [1] => 2
    [2] => 3
    [3] => 4
    [4] => 10
)
```

C で整列する

「くり返しの向き」は、「for文」の3つ目の増減値で指定します。通常「++」と指定するところを、「--」と指定すれば、後ろから前へ向かうくり返しになります。

```c
#include <stdio.h>

int main(int argc, char *argv[]) {

    // ソート前の配列データです
    int a[] = {10,3,1,4,2};

    // 要素の個数を調べます
    int length = sizeof(a)/sizeof(int);
    // 調べる範囲の開始位置を1つずつ後ろへ移動していくくり返し
    int i,j;
    for (i=0; i<length-1; i++) {
        // 後ろから前に向かって小さい値を浮かび上がらせるくり返し
        for (j=length-1; j>i; j--) {
            // 隣り合う2つの、後ろの方の値が小さかったら
            if (a[j] < a[j-1]) {
                // 交換して、前に移動します
                int tmp = a[j];
                a[j] = a[j-1];
                a[j-1] = tmp;
            }
        }
    }

    // ソート後の配列を表示します
    for (i=0; i<length; i++) {
        printf("%d ",a[i]);
    }

}
```

結果!

```
1 2 3 4 10
```

C# で整列する

「くり返しの向き」は、「for文」の3つ目の増減値で指定します。通常「++」と指定するところを、「--」と指定すれば、後ろから前へ向かうくり返しになります。

入力 してみよう!

```csharp
using System;

namespace test
{
  internal class Program
  {
    static void Main(string[] args)
    {
      // ソート前の配列データです
      int[] a = new int[] {10,3,1,4,2};

      // 要素の個数を調べます
      int length = a.Length;
      // 調べる範囲の開始位置を1つずつ後ろへ移動していくくり返し
      int i,j;
      for (i=0; i<length-1; i++) {
        // 後ろから前に向かって小さい値を浮かび上がらせるくり返し
        for (j=length-1; j>i; j--) {
          // 隣り合う2つの、後ろの方の値が小さかったら
          if (a[j] < a[j-1]) {
            // 交換して、前に移動します
            int tmp = a[j];
            a[j] = a[j-1];
            a[j-1] = tmp;
          }
        }
      }

      // ソート後の配列を表示します
      for (i=0; i<length; i++) {
        Console.Write("{0} ", a[i]);
      }
    }
  }
}
```

結果!

```
1 2 3 4 10
```

Javaで整列する

「くり返しの向き」は、「for文」の3つ目の増減値で指定します。通常「++」と指定するところを、「--」と指定すれば、後ろから前へ向かうくり返しになります。

入力 してみよう!

```java
class BubbleSort {

    public static void main(String[] args) {

        // ソート前の配列データです
        int a[] = {10,3,1,4,2};

        // 調べる範囲の開始位置を1つずつ後ろへ移動していくくり返し
        for (int i=0; i<a.length-1; i++) {
            // 後ろから前に向かって小さい値を浮かび上がらせるくり返し
            for (int j=a.length-1; j>i; j--) {
                // 隣り合う2つの、後ろの方の値が小さかったら
                if (a[j] < a[j-1]) {
                    // 交換して、前に移動します
                    int tmp = a[j];
                    a[j] = a[j-1];
                    a[j-1] = tmp;
                }
            }
        }
        // ソート後の配列を表示します
        for (int i: a) {
            System.out.println(i);
        }
    }
}
```

結果!

```
1
2
3
4
10
```

Swiftで整列する

「くり返しの向き」は「for in文」の範囲で指定します。「stride(from:<開始値>, to:<終了値>, by:<増減値>)」を使い、増減値に「-1」を指定します。

入力
してみよう!

```swift
// ソート前の配列データです
var a = [10,3,1,4,2]

// 調べる範囲の開始位置を1つずつ後ろへ移動していくくり返し
for i in 0..<a.count-1 {
    // 後ろから前に向かって小さい値を浮かび上がらせるくり返し
    for j in stride(from:a.count-1, to:i, by:-1){
        // 隣り合う2つの、後ろの方の値が小さかったら
        if a[j] < a[j-1] {
            // 交換して、前に移動します
            var tmp = a[j]
            a[j] = a[j-1]
            a[j-1] = tmp
        }
    }
}

// ソート後の配列を表示します
print("ソート後=",a)
```

結果!

```
ソート後= [1, 2, 3, 4, 10]
```

VBAで整列する

「後ろから前へ向かうくり返し」は、「for文」で「Step -1」と指定します。

```
Sub bubblesort()
    Dim a, i, j, tmp
    ' ソート前の配列データです
    a = Array(10, 3, 1, 4, 2)

    ' 調べる範囲の開始位置を1つずつ後ろへ移動していくくり返し
    For i = 1 To UBound(a)
        ' 後ろから前に向かって小さい値を浮かび上がらせるくり返し
        For j = UBound(a) To i Step -1
            ' 隣り合う2つの、後ろの方の値が小さかったら
            If a(j) < a(j - 1) Then
                ' 交換して、前に移動します
                tmp = a(j)
                a(j) = a(j - 1)
                a(j - 1) = tmp
            End If
        Next j
    Next i

    ' ソート後の配列を表示します
    Debug.Print "ソート後 ="
    For i = 0 To UBound(a)
        Debug.Print a(i)
    Next i
End Sub
```

```
1
2
3
4
10
```

6.3
選択ソート（単純選択法）

選択ソート（単純選択法）も、最も基本的なアルゴリズムのひとつです。

「最小値を探して、先頭から順番に並べていく方法」です。最小値を入れる位置を「選択」し、最小値と交換していくので「選択ソート」と言います。

ひとことで言うと!

選択ソートとは……

最小値を選択して、先頭から並べていく方法

▶ **目的**	：データを昇順（小さい順）に並べ替えること
▶ **現状**	：わかっているのは、データの「個数」と「それぞれの値」
▶ **結果**	：求める結果は、「昇順（小さい順）に並んだ配列」
▶ **メリット**	：プログラムが単純で実装しやすい
▶ **デメリット**	：処理速度が遅い（ただし、バブルソートより少しだけ速い）

アルゴリズムのイメージ

選択ソートは「テーブルの上に散らばったトランプを順番に並べる方法」に似ています。

最初、テーブルの上はすべて「整列していないカード」ですが、その中から一番小さいカードを探してテーブルの端から並べていくと「整列済みのカード」になっていくのです。

① 最初は、テーブルの上にトランプが散らばっている状態です。

② まず、すべてのカードの中から最小のカードを探して、テーブルの端に移動します。

③ 次に、残ったカードの中から最小のカードを探して、整列済みカードの最後尾に並べます。

④ さらに同じように、残ったカードの中から最小カードを探して、整列済みカードの最後尾に並べることをくり返していけば、最後にはすべてが順番に並びます。

バブルソートとよく似ていますが「交換する回数」が違います。バブルソートが「総当たりで隣り合う2つを比較と交換を一緒に行っていく」のに対して、選択ソートは「最小値を見つけてから交換する」ので「交換する回数」を減らせるのです。

具体的な手順

これを、具体的な手順で考えるとどうなるでしょうか。
選択ソートは、「最小値を探して」「交換」します。つまり「最小値を探すアルゴリズム」と「交換するアルゴリズム」の2つを利用して作れるのです。

■現状
① まず、データを「配列」に入れて準備しておきます。最初は、まだ「整列していない状態」です。

■ 最小値を入れる位置を、先頭から順番にずらしていくくり返し

この中で最小値を探して先頭（最初は0番）と交換する処理を行います。「最小値を探すアルゴリズム」と「交換するアルゴリズム」を使います。それが②〜④の手順です。

② まず、「最小値を探すアルゴリズム」（4章4）を使います。最小値を見つけるので「最小値を入れる変数（min）」を用意しましょう。「配列の先頭の値」を「暫定の最小値」として入れておきます。また、どれと交換するかを覚えておかないといけないので「最小値の位置を表す変数（例：k）」を用意しておきます。

③ 比較をくり返して最小値を探します。「暫定の最小値」よりも小さい値を見つけたときは、「最小値を入れる変数（min）」を上書きして更新し、同時に「最小値の位置を表す変数（例：k）」も更新します。

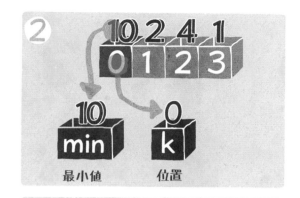

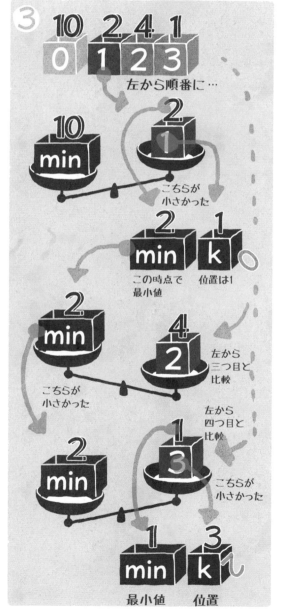

④ くり返しが終わったら、最小値が「配列のk
番目」に入っていることがわかります。「最小
値と先頭の値の交換」をしましょう。交換す
るには、4章5の「交換するアルゴリズム」
を使います。

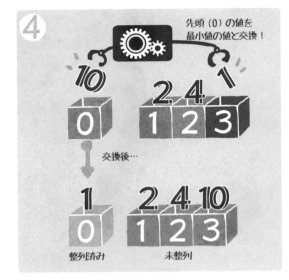

■残った部分にも同じようにくり返していく

これで先頭の1つが「整列済みの部分」になり、
残りの「整列していない部分」が1つ減ること
になります。残った「整列していない部分」の
中で最小値を見つけて交換することをくり返し
ます。それが⑤～⑥です。

⑤ 残った「整列していない部分」の中で、最
小値を探していきます。

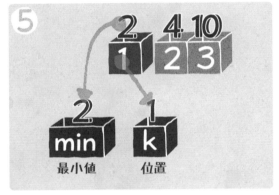

⑥ くり返しが終わったら、最小値が「配列のk
番目」に入っていることがわかります。「最小
値と先頭の値の交換」をしましょう。

ここまでで先頭の2つが「整列済みの部分」に
なり、残りが「整列していない部分」になりまし
た。さらに同じようにして、くり返していきます。

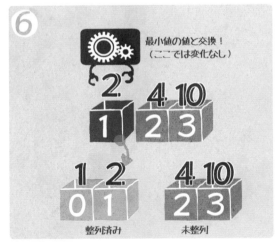

⑦ 最後までくり返しが終わったとき、すべての
値が順番に並びます。

フローチャート

まず、全体的な流れを見ていきましょう。

選択ソートは、「最小値を探して」「先頭から順番に並べていく」アルゴリズムです。

「先頭から順番に並べていく」ので、先頭から「整列済みの部分」が少しずつ増えていきます。バブルソートと似ていますね。

処理が進んでいくと、整列済みの部分が増えていくので、「整列していない部分の先頭」が1つずつ後ろにずれていきます。

つまり「整列していない部分の先頭を1つずつ後ろにずらしていく」というくり返しの中で、「最小値を求めるアルゴリズム」と「交換するアルゴリズム」を行うアルゴリズムです。

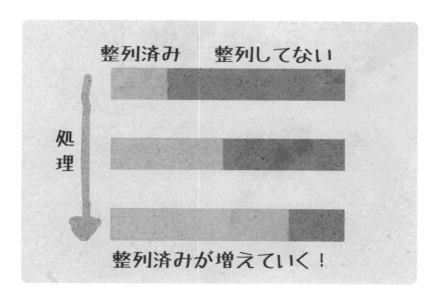

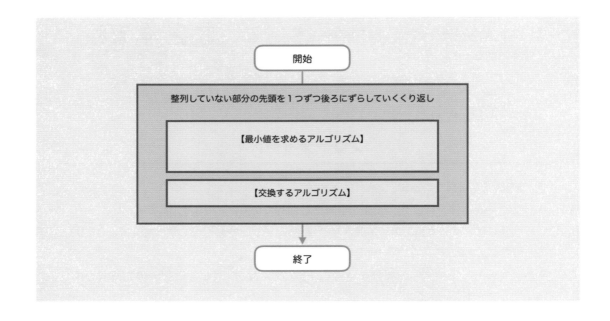

これを具体的な「フローチャート」で表してみましょう。

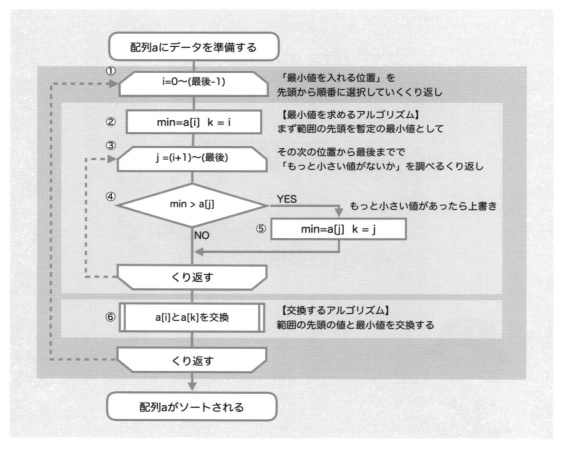

① まず「整列していない部分の先頭を1つずつ後ろにずらしていくくり返し」を行います。

② そのくり返しの中で、「整列していない部分の最小値」を探します。これには「最小値を探すアルゴリズム」を使います。まず、最小値を入れる変数を用意して、最初の値を入れて初期化します。「最小値の位置を示す変数」も用意して、その位置を保存しておきます。

③ 範囲の先頭から最後まで比較をくり返して、最小値を探します。

④ もし、「最小値」より小さい値を見つけたときは、

⑤「最小値」をその値で上書きして、その位置を「最小値の位置を示す変数」に保存しておきます。

⑥ 最後までくり返して調べ終わったら、「調べる範囲の先頭の値」と「最小値」を交換します。これは「交換するアルゴリズム」を使います。

▽

「整列していない部分」が最後の1つになるまでくり返し終わったら、「ソートされた配列」が得られます。

このアルゴリズムの特徴 (まとめ)

バブルソートは、比較したらすぐ交換を行いますが、選択ソートでは最小値を見つける比較を行ってから交換を行うので、「交換回数」が少なくなります。そのため、バブルソートよりは少しだけ高速になっています。

プログラム

フローチャートができたので、これを各プログラミング言語で記述してみましょう。
選択ソートは、「二重のくり返し」でできています。

▽

外側は「前から順番に進んでいくくり返し」で、
内側は「開始位置が変わるくり返し」です。
この「開始位置が変わるくり返しの方法」は、プログラミング言語によって違いがあります。

Pythonで整列する

「くり返しの開始位置」は、「for in文」で範囲を指定する「range(<**開始値**>,<**終了値**>)」で指定します。「最小値を入れる位置（i）」の次から開始するので「**for j in range((i+1), len(a))**」と指定します。

入力
してみよう！

```python
# -*- coding: utf-8 -*-

# ソート前の配列データです
a = [10,3,1,4,2]

# 「最小値を入れる位置」を、先頭から順番に選択していくくり返し
for i in range(len(a)-1):
    # [  最小値を探すアルゴリズム  ]
    # まず、先頭の値を暫定の最小値として初期化します
    min = a[i]
    # 先頭の位置も保存しておきます
    k = i
    # 隣の位置から最後まで、最小値との比較をくり返します
    for j in range((i+1), len(a)):
        # もし最小値よりも小さい値が見つかったら
        if (min > a[j]):
            # 最小値を上書きして
            min = a[j]
            # その位置を保存しておきます
            k = j
    # [  交換するアルゴリズム  ]
    # 「先頭の値」と「最小値の値」を交換します
    tmp = a[i]
    a[i] = a[k]
    a[k] = tmp

# ソート後の配列を表示します
print("ソート後 =",a)
```

結果！

```
ソート後 = [1, 2, 3, 4, 10]
```

JavaScript で整列する

「くり返しの開始位置」は、「for文」の1つ目で指定します。「最小値を入れる位置（i）」の次から
開始するので「for (j=i+1; j<a.length; j++)」と指定します。

入力
してみよう!

```javascript
<script>
    // ソート前の配列データです
    var a = [10,3,1,4,2];

    // 「最小値を入れる位置」を、先頭から順番に選択していくくり返し
    for (var i=0; i<a.length-1; i++) {
        // [　最小値を探すアルゴリズム　]
        // まず、先頭の値を暫定の最小値として初期化します
        var min = a[i];
        // 先頭の位置も保存しておきます
        var k = i;
        // 隣の位置から最後まで、最小値との比較をくり返します
        for (var j=i+1; j<a.length; j++){
            // もし最小値よりも小さい値が見つかったら
            if (min > a[j]) {
                // 最小値を上書きして
                min = a[j];
                // その位置を保存しておきます
                k = j;
            }
        }
        // [　交換するアルゴリズム　]
        // 「先頭の値」と「最小値の値」を交換します
        var tmp = a[i];
        a[i] = a[k];
        a[k] = tmp;
    }

    // ソート後の配列を表示します
    alert("ソート後="+a);
</script>
```

結果!

ソート後=1,2,3,4,10

PHPで整列する

「くり返しの開始位置」は、「for文」の1つ目で指定します。「最小値を入れる位置（i）」の次から開始するので「for ($j=$i+1; $j<count($a); $j++)」と指定します。

入力
してみよう！

結果！

```php
<?php
  // ソート前の配列データです
  $a = array(10,3,1,4,2);

  // 「最小値を入れる位置」を、先頭から順番に選択していく
  // くり返し
  for ($i=0; $i<count($a)-1; $i++) {
    // [ 最小値を探すアルゴリズム ]
    // まず、先頭の値を暫定の最小値として初期化します
    $min = $a[$i];
    // 先頭の位置も保存しておきます
    $k = $i;
    // 隣の位置から最後まで、最小値との比較をくり返します
    for ($j=$i+1; $j<count($a); $j++){
      // もし最小値よりも小さい値が見つかったら
      if ($min > $a[$j]) {
        // 最小値を上書きして
        $min = $a[$j];
        // その位置を保存しておきます
        $k = $j;
      }
    }
    // [ 交換するアルゴリズム ]
    // 「先頭の値」と「最小値の値」を交換します
    $tmp = $a[$i];
    $a[$i] = $a[$k];
    $a[$k] = $tmp;
  }

  // ソート後の配列を表示します
print_r($a);

?>
```

```
Array
(
    [0] => 1
    [1] => 2
    [2] => 3
    [3] => 4
    [4] => 10
)
```

第6章　ソートアルゴリズム

C で整列する

「くり返しの開始位置」は、「for文」の1つ目で指定します。「最小値を入れる位置（i）」の次から開始するので「for (j=i+1; j<length; j++)」と指定します。

入力
してみよう!

結果!

```c
#include <stdio.h>

int main(int argc, char *argv[]) {
    // ソート前の配列データです
    int a[] = {10,3,1,4,2};

    // 要素の個数を調べます
    int length = sizeof(a)/sizeof(int);
    //「最小値を入れる位置」を、先頭から順番に選択してい
    くくり返し
    int i,j;
    for (i=0; i<length-1; i++) {
        // [  最小値を探すアルゴリズム  ]
        // まず、先頭の値を暫定の最小値として初期化します
        int min = a[i];
        // 先頭の位置も保存しておきます
        int k = i;
        // 隣の位置から最後まで、最小値との比較をくり返します
        for (j=i+1; j<length; j++){
            // もし最小値よりも小さい値が見つかったら
            if (min > a[j]) {
                // 最小値を上書きして
                min = a[j];
                // その位置を保存しておきます
                k = j;
            }
        }
        // [  交換するアルゴリズム  ]
        //「先頭の値」と「最小値の値」を交換します
        int tmp = a[i];
        a[i] = a[k];
        a[k] = tmp;
    }

    // ソート後の配列を表示します
    for (i=0;i<length;i++) {
        printf("%d ",a[i]);
    }
}
```

```
1 2 3 4 10
```

PHP

C

C# で整列する

「くり返しの開始位置」は、「for文」の1つ目で指定します。「最小値を入れる位置（i）」の次から開始するので「**for (int j=i+1; j\<length; j++)**」と指定します。

```
using System;

namespace test
{
  internal class Program
  {
    static void Main(string[] args)
    {
      // ソート前の配列データです
      int[] a = new int[] {10,3,1,4,2};

      // 要素の個数を調べます
      int length = a.Length;
      // 「最小値を入れる位置」を、先頭から順番に選択していくくり返し
      int i,j;
      for (i=0; i<length-1; i++) {
        // [　最小値を探すアルゴリズム　]
        // まず、先頭の値を暫定の最小値として初期化します
        int min = a[i];
        // 先頭の位置も保存しておきます
        int k = i;
        // 隣の位置から最後まで、最小値との比較をくり返します
        for (j=i+1; j<length; j++){
          // もし最小値よりも小さい値が見つかったら
          if (min > a[j]) {
            // 最小値を上書きして
            min = a[j];
            // その位置を保存しておきます
            k = j;
          }
        }
        // [　交換するアルゴリズム　]
        // 「先頭の値」と「最小値の値」を交換します
        int tmp = a[i];
        a[i] = a[k];
        a[k] = tmp;
      }
```

▶続く

```
        // ソート後の配列を表示します
        for (i=0;i<length;i++) {
          Console.Write("{0} ", a[i]);
        }
      }
    }
  }
}
```

結果！

```
1 2 3 4 10
```

Java で整列する

「くり返しの開始位置」は、「for文」の1つ目で指定します。「最小値を入れる位置（i）」の次から開始するので「for (int j=i+1; j<a.length; j++)」と指定します。

入力
してみよう！

```
class SelectionSort {

    public static void main(String[] args) {

        // ソート前の配列データです
        int a[] = {10,3,1,4,2};

        // 「最小値を入れる位置」を、先頭から順番に選択していくくり返し
        for (int i=0; i<a.length-1; i++) {
            // [　最小値を探すアルゴリズム　]
            // まず、先頭の値を暫定の最小値として初期化します
            int min = a[i];
            // 先頭の位置も保存しておきます
            int k = i;
            // 隣の位置から最後まで、最小値との比較をくり返します
            for (int j=i+1; j<a.length; j++){
                // もし最小値よりも小さい値が見つかったら
                if (min > a[j]) {
                    // 最小値を上書きして
                    min = a[j];
                    // その位置を保存しておきます
                    k = j;
                }
            }
```

▶続く

```
            // [  交換するアルゴリズム  ]
            // 「先頭の値」と「最小値の値」を交換します
            int tmp = a[i];
            a[i] = a[k];
            a[k] = tmp;
        }

        // ソート後の配列を表示します
        for (int i: a) {
            System.out.println(i);
        }
    }
}
```

結果！

```
1
2
3
4
10
```

Swiftで整列する

「くり返しの開始位置」は、「for in 文」の範囲の開始値で指定します。「最小値を入れる位置（i）」の次から開始するので「**for j in (i+1)..<a.count**」と指定します。

入力
してみよう!

```
// ソート前の配列データです
var a = [10,3,1,4,2]

// 「最小値を入れる位置」を、先頭から順番に選択していくくり返し
for i in 0..<a.count-1 {
    // [  最小値を探すアルゴリズム  ]
    // まず、先頭の値を暫定の最小値として初期化します
    var min = a[i]
    // 先頭の位置も保存しておきます
    var k = i;
```

▶続く

162

```
            // 隣の位置から最後まで、最小値との比較をくり返します
            for j in (i+1)..<a.count {
                // もし最小値よりも小さい値が見つかったら
                if (min > a[j]) {
                    // 最小値を上書きして
                    min = a[j]
                    // その位置を保存しておきます
                    k = j
                }
            }
            // [　交換するアルゴリズム　]
            // 「先頭の値」と「最小値の値」を交換します
            var tmp = a[i]
            a[i] = a[k]
            a[k] = tmp
        }

        // ソート後の配列を表示します
        print("ソート後=",a)
```

結果！

```
ソート後= [1, 2, 3, 4, 10]
```

VBAで整列する

「最小値を入れる位置（i)」の次から開始するので「**For j = i + 1 To length - 1**」と指定します。

入力してみよう！

```
        Sub SelectionSort()
            Dim a, length, min, i, j, k, tmp
            ' ソート前の配列データです
            a = Array(10, 3, 1, 4, 2)

            ' 要素の個数を調べます
            length = UBound(a) + 1
            ' 「最小値を入れる位置」を、先頭から順番に選択していくり返し
            For i = 0 To length - 2
                ' [　最小値を探すアルゴリズム　]
                ' まず、先頭の値を暫定の最小値として初期化します
                min = a(i)
                ' 先頭の位置も保存しておきます
                k = i
```

▶続く

```
                    ' 隣の位置から最後まで、最小値との比較をくり返します
                    For j = i + 1 To length - 1
                        ' もし最小値よりも小さい値が見つかったら
                        If min > a(j) Then
                            ' 最小値を上書きして
                            min = a(j)
                            ' その位置を保存しておきます
                            k = j
                        End If
                    Next j
                    ' [　交換するアルゴリズム　]
                    ' 「先頭の値」と「最小値の値」を交換します
                    tmp = a(i)
                    a(i) = a(k)
                    a(k) = tmp
                Next i

                ' ソート後の配列を表示します
                Debug.Print "ソート後 ="
                For i = 0 To UBound(a)
                    Debug.Print a(i)
                Next i
            End Sub
```

結果！

```
1
2
3
4
10
```

6.4
挿入ソート(単純挿入法)

挿入ソート（単純挿入法）も、最も基本的なアルゴリズムのひとつです。

これは「データを抜き出して、正しい位置に挿入していく方法」です。
正しい位置に「挿入していく」ので「挿入ソート」と言います。
バブルソートや選択ソートと似ていますが、この3つの中では挿入ソートが一番高速にソートできます。

挿入ソートとは……
データを抜き出して、順番に並ぶ位置に
挿入していく方法

▶ **目的** ：データを昇順（小さい順）に並べ替えること
▶ **現状** ：わかっているのは、データの「個数」と「それぞれの値」
▶ **結果** ：求める結果は、「昇順（小さい順）に並んだ配列」
▶ **メリット** ：プログラムが単純で実装しやすい。また、すでに整列されている部分が多いほど高速に処理できる（このしくみは、シェルソートやマージソートなど、他の高速なソートに利用されている）
▶ **デメリット** ：基本的には処理速度が遅い

アルゴリズムのイメージ

挿入ソートは「トランプで1枚ずつ配られるカードを、手持ちのカードに加えて順番に並べていく方法」に似ています。

カードが1枚配られるたびに、手持ちのカードの正しい位置に挿入していくことで、手持ちのカードを順番に並べていきますよね。このとき行っている方法なのです。

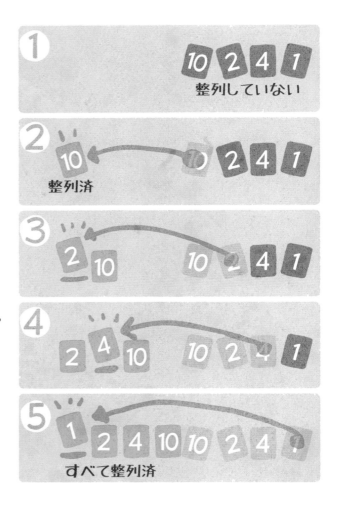

① 最初は、まだ「整列していない状態」です。すべてのカードを配る人が持っている状態ですね。

② まず、1枚目のカードが配られます。手持ちのカードは1枚で、残りのバラバラなカードが配る人の手元にある状態です。

③ 次に、2枚目のカードが配られます。手持ちのカードを見て、順番に並ぶ位置にそのカードを挿入します。

④ さらに、3枚目のカードが配られます。同じことをくり返しましょう。手持ちのカードを見て、順番に並ぶ位置にそのカードを挿入します。うまく挿入できるように、カードをずらして隙間を作って挿入します。

⑤ 最後のカードまで配り終わったとき、手持ちのカードは順番に並びます。

具体的な手順

これを、具体的な手順で考えるとどうなるでしょうか。

トランプでは「自分の手元の整列したカード」と「配る人の手元のバラバラなカード」の2つの場所でカードのやり取りが行われますが、1つの配列の中でも同じしくみを行うことができます。配列を「整列済みの部分（手元のカード）」と「整列していない部分（配る人の手元のカード）」と分けて考えて、データの移動を行います。

■ 現状：1枚目のカード

① 最初は、カードが1枚配られた状態と考えるところから始めます。この1枚は「整列済みのカード」と考え、あとからこの部分にカードを挿入して並べていきます。つまり、配列の先頭（0番）が「整列済みの部分（手持ちのカード）」で、残りが「整列していない部分（配る人の手元のカード）」と考えるのです。

■ 2枚目のカードが配られたとき

次に、2枚目のカードが配られた状態を考えます。「整列していない部分（配る人の手元のカード）」の先頭から1つ値を取り出し、「整列済みの部分（手持ちのカード）」へ挿入します。このとき「整列済みの部分（手持ちのカード）」の中で順番に並ぶ位置に挿入します。それが②〜⑤の手順です。

② まず「挿入する値」を、変数（tmp）に入れて取り出します。受け取ったカードをいきなり挿入するのではなく、一度手に持ってどこに入れればいいかを探してから挿入するためです。

※ tmp（またはtemp）は、temporaryの略で、一時的な変数に使われる名前です。

③「整列済みの部分」のどこに挿入すれ
　ばいいかを、調べていきましょう。

④ もし「挿入する値」が小さければ、そ
　こに挿入できるように、整列済みの
　値を後ろへ1つずらして、スペースを
　作ります。

⑤ ずらす処理が終わったら、そこに「挿
　入する値」を入れます。これで「整
　列済みの部分」が1つ増えました。

⑥〜⑧これを同じように最後までくり返
　していきます。

整列済みの値を
後ろへずらす！

■ **結果**

⑨ すべてが「整列済みの部分」になる
　までくり返せば、すべての値が小さい
　順に並びます。

すべて整列済み！

フローチャート

まず、全体的な流れから見ていきましょう。

挿入ソートは、全体的な視点で見ると

> ❶「整列していない部分から、挿入する値を順番に１つずつ取り出す」くり返しを行う。
>
> ❷その中で「取り出した値を、整列した部分のどこに挿入すればよいかを見ていく」くり返しを行う。

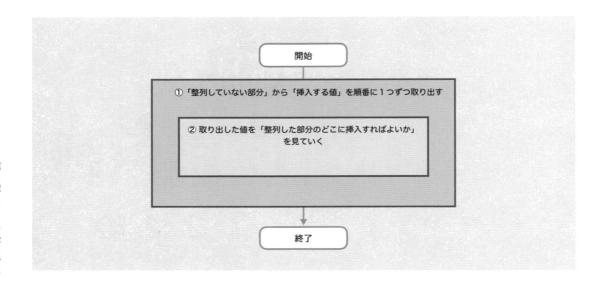

というアルゴリズムです。

これを具体的な「フローチャート」で表してみましょう。

① まず「整列していない部分から、挿入する値を１つずつ取り出すくり返し」を行います。

②「整列していない部分」の先頭の値を、「挿入する値の変数（tmp）」に入れて取り出します。

③「整列済みの部分」のどこに挿入すればいいかを、「後ろから前に向かって順番に見ていくくり返し」を行います。

④ もし「挿入する値（tmp）」が小さければ、そこに挿入できるように、調べた値を後ろへ１つずらします。

⑤ もし「挿入する値（tmp）」が小さくなければ、そこでずらす処理を終わります。

⑥ ずらす処理が終わったら、そこに「挿入する値（tmp）」を入れます。

⑦ すべてが「整列済みの部分」になるまでくり返せば、すべての値が小さい順に並びます。

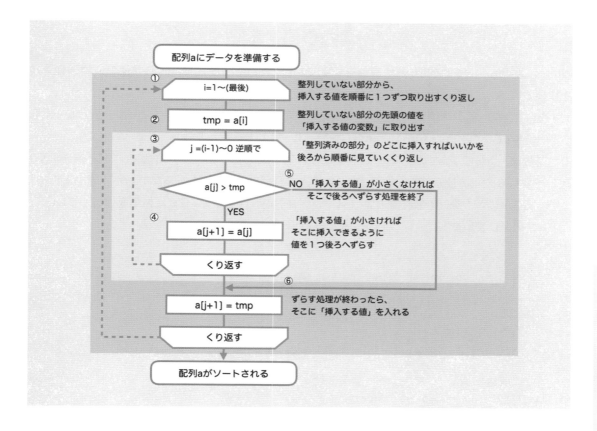

フローチャート内のテキスト：

- 配列aにデータを準備する
- ① i=1～(最後) ／ 整列していない部分から、挿入する値を順番に1つずつ取り出すくり返し
- ② tmp = a[i] ／ 整列していない部分の先頭の値を「挿入する値の変数」に取り出す
- ③ j =(i-1)～0 逆順で ／ 「整列済みの部分」のどこに挿入すればいいかを後ろから順番に見ていくくり返し
- a[j] > tmp ／ ⑤ NO 「挿入する値」が小さくなければそこで後ろへずらす処理を終了
- YES
- ④ a[j+1] = a[j] ／ 「挿入する値」が小さければそこに挿入できるように値を1つ後ろへずらす
- くり返す
- ⑥ a[j+1] = tmp ／ ずらす処理が終わったら、そこに「挿入する値」を入れる
- くり返す
- 配列aがソートされる

このアルゴリズムの特徴 (まとめ)

バブルソートは、隣り合う2つの値を比較交換していきますが、挿入ソートでは一気に離れた位置の値と比較して適切な位置に挿入を行っていくので、整列されている部分が多いほど交換回数が少なくなります。そのため、整列されている部分が多いと、高速にソートすることができるのです。

プログラム

フローチャートができたので、これを各プログラミング言語で記述してみましょう。
挿入ソートは、「二重のくり返し」でできています。

外側は「前から順番に進んでいくくり返し」で、
内側は「開始位置が変わりながら、後ろから前へ向かうくり返し」です。
この「開始位置が変わりながら、後ろから前へ向かうくり返しの方法」は、プログラミング言語によって違いがあります。

Pythonで整列する

くり返しは「for in 文」で行い、増減値を指定できる「**range(<開始値>,<終了値>,<増減値>)**」を使います。

「整列していない部分の直前（i-1）」から開始して、「先頭を越えるまで（-1）」、「後ろから前に（-1）」進んでいくので、「**for j in range((i-1), -1, -1)**」と指定します。

また変数は、｛ から ｝までのブロックの中でだけ有効（ブロックスコープ）なので、この for 文のくり返しが終わると、jの値が無効になり「どこに挿入すればいいか」がわからなくなってしまいます。そこで、あらかじめ「挿入する位置の変数（ins）」を用意しておいて、ここに位置を保存しておいて、for in 文の後に使います。

入力
してみよう！

```python
# -*- coding: utf-8 -*-

# ソート前の配列データです
a = [10,3,1,4,2]

# 「整列していない部分」から、順番に1つずつ取り出していきます
for i in range(1, len(a)):
    # 「挿入する値」を、変数に取り出します
    tmp = a[i]
    # 挿入する位置の変数を用意します
    ins = 0
    #「整列済みの部分」のどこに挿入すればいいかを、後ろから前に向かって順番に見ていきます
    for j in range((i-1), -1, -1):
        # もし「挿入する値」が小さければ
        if (a[j] > tmp) :
            # そこに挿入できるように、調べた値を1つ後ろへずらします
            a[j+1] = a[j]
        else:
            # もし「挿入する値」が小さくなければ、そこでずらす処理を止めます
            ins = j+1
            break
    # ずらす処理が終わった位置に「挿入する値」を入れます
    a[ins] = tmp

# ソート後の配列を表示します
print("ソート後=",a)
```

結果！

```
ソート後= [1, 2, 3, 4, 10]
```

第 6 章 ソートアルゴリズム

JavaScriptで整列する

くり返しは「for文」で行うので、「開始位置」は1つ目の開始値で、「進む向き」は3つ目の増減値で指定します。

「整列していない部分の直前（i-1）から開始」して、「先頭まで（0）」、「後ろから前に（--）」進んでいくので、「for (var j=i-1; j>=0; j--)」と指定します。

入力してみよう！

```
<script>
  // ソート前の配列データです
  var a = [10,3,1,4,2];

  // 「整列していない部分」から、順番に1つずつ取り出していきます
  for (var i=1; i<a.length; i++) {
    // 「挿入する値」を、変数に取り出します
    var tmp = a[i];

    //  「整列済みの部分」のどこに挿入すればいいかを、後ろから前に向かって順番に見
    ていきます
    for (var j=i-1; j>=0; j--) {
      // もし「挿入する値」が小さければ
      if (a[j] > tmp) {
        // そこに挿入できるように、調べた値を1つ後ろへずらします
        a[j+1] = a[j];
      } else {
        // もし「挿入する値」が小さくなければ、そこでずらす処理を止めます
        break;
      }
    }
    // ずらす処理が終わった位置に「挿入する値」を入れます
    a[j+1] = tmp;
  }

  // ソート後の配列を表示します
  alert("ソート後="+a);
</script>
```

結果！

```
ソート後=1,2,3,4,10
```

PHPで整列する

くり返しは「for文」で行うので、「開始位置」は1つ目の開始値で、「進む向き」は3つ目の増減値で指定します。

「整列していない部分の直前（$i-1）から開始」して、「先頭まで（0）」、「後ろから前に（--）」進んでいくので、「**for ($j=$i-1; $j>=0; $j--)**」と指定します。

入力 してみよう!

```php
<?php
  // ソート前の配列データです
  $a = array(10,3,1,4,2);

  // 「整列していない部分」から、順番に1つずつ取り出していきます
  for($i=1; $i<count($a); $i++){
    // 「挿入する値」を、変数に取り出します
    $tmp = $a[$i];

    // 「整列済みの部分」のどこに挿入すればいいかを、後ろから前に向かって順番に見て
       いきます
    for ($j=$i-1; $j>=0; $j--) {
      // もし「挿入する値」が小さければ
      if ($a[$j] > $tmp) {
        // そこに挿入できるように、調べた値を1つ後ろへずらします
        $a[$j+1] = $a[$j];
      } else {
        // もし「挿入する値」が小さくなければ、そこでずらす処理を止めます
        break;
      }
    }
    // ずらす処理が終わった位置に「挿入する値」を入れます
    $a[$j+1] = $tmp;
  }
  // ソート後の配列を表示します
  print_r($a);
?>
```

結果!

```
Array
(
  [0] => 1
  [1] => 2
  [2] => 3
  [3] => 4
  [4] => 10
)
```

$\mathbb{C}$ で整列する

くり返しは「for文」で行うので、「開始位置」は1つ目の開始値で、「進む向き」は3つ目の増減値で指定します。

「整列していない部分の直前（i-1）から開始」して、「先頭まで（0）」、「後ろから前に（--）」進んでいくので、「for (j=i-1; j>=0; j--)」と指定します。

また変数は、{ から } までのブロックの中でだけ有効（ブロックスコープ）なので、このfor文のくり返しが終わると、jの値が無効になり「どこに挿入すればいいか」がわからなくなってしまいます。そこで、あらかじめ「挿入する位置の変数（ins）」を用意しておいて、ここに位置を保存しておいて、for文の後に使います。

入力
してみよう!

```c
#include <stdio.h>

int main(int argc, char *argv[]) {
    // ソート前の配列データです
    int a[] = {10,3,1,4,2};

    // 要素の個数を調べます
    int length = sizeof(a)/sizeof(int);
    // 「整列していない部分」から、順番に1つずつ取り出していきます
    int i,j;
    for (i=1; i<length; i++) {
        // 「挿入する値」を、変数に取り出します
        int tmp = a[i];
        // 挿入する位置の変数を用意します
        int ins = 0;
        // 「整列済みの部分」のどこに挿入すればいいかを、後ろから前に向かって順番に見
        //    ていきます
        for (j=i-1; j>=0; j--) {
            // もし「挿入する値」が小さければ
            if (a[j] > tmp) {
                // そこに挿入できるように、調べた値を1つ後ろへずらします
                a[j+1] = a[j];
            } else {
                // もし「挿入する値」が小さくなければ、そこでずらす処理を止めます
                // 挿入する位置を変数insに保存します
                ins = j+1;
                break;
            }
        }
```

▶続く

```
      // ずらす処理が終わった位置に「挿入する値」を入れます
      a[ins] = tmp;
    }

    // ソート後の配列を表示します
    for (i=0;i<length;i++) {
      printf("%d ",a[i]);
    }
  }
```

結果!

```
1 2 3 4 10
```

C# で整列する

くり返しは「for文」で行うので、「開始位置」は1つ目の開始値で、「進む向き」は3つ目の増減値で指定します。

「整列していない部分（i）の直前から開始」して先頭まで、「後ろから前に」進んでいくので、「for (int j=i-1; j\>=0; j--)」と指定します。

また変数は、{ から }までのブロックの中でだけ有効（ブロックスコープ）なので、このfor文のくり返しが終わると、jの値が無効になり「どこに挿入すればいいか」がわからなくなってしまいます。そこで、あらかじめ「挿入する位置の変数（ins）」を用意しておいて、ここに位置を保存しておいて、for文の後に使います。

入力
してみよう!

```
using System;

namespace test
{
 internal class Program
 {
  static void Main(string[] args)
  {
    // ソート前の配列データです
    int[] a = new int[] {10,3,1,4,2};

    // 要素の個数を調べます
    int length = a.Length;
    // 「整列していない部分」から、順番に1つずつ取り出していきます
    int i,j;
```

▶続く

```
      for (i=1; i<length; i++) {
        // 「挿入する値」を、変数に取り出します
        int tmp = a[i];
        // 挿入する位置の変数を用意します
        int ins = 0;
        // 「「整列済みの部分」のどこに挿入すればいいかを、後ろから前に向かって順番に見
          ていきます
        for (j=i-1; j>=0; j--) {
          // もし「挿入する値」が小さければ
          if (a[j] > tmp) {
            // そこに挿入できるように、調べた値を1つ後ろへずらします
            a[j+1] = a[j];
          } else {
            // もし「挿入する値」が小さくなければ、そこでずらす処理を止めます
            // 挿入する位置を変数insに保存します
            ins = j+1;
            break;
          }
        }
        // ずらす処理が終わった位置に「挿入する値」を入れます
        a[ins] = tmp;
      }

      // ソート後の配列を表示します
      for (i=0;i<length;i++) {
        Console.Write("{0} ", a[i]);
      }
    }
  }
}
```

結果！

```
1 2 3 4 10
```

Java で整列する

くり返しは「for文」で行うので、「開始位置」は1つ目の開始値で、「進む向き」は3つ目の増減
値で指定します。「整列していない部分の直前（i-1）から開始」して、「先頭まで（0）」、「後ろか
ら前に（--）」進んでいくので、「for (int j=i-1; j>=0; j--)」と指定します。

また変数は、{ から }までのブロックの中でだけ有効（ブロックスコープ）なので、このfor文のくり
返しが終わると、jの値が無効になり「どこに挿入すればいいか」がわからなくなってしまいます。そ
こで、あらかじめ「挿入する位置の変数（ins）」を用意しておいて、ここに位置を保存しておいて、
for文の後に使います。

入力
してみよう!

```java
class InsertSort {
  public static void main(String[] args) {

    // ソート前の配列データです
    int a[] = {10,3,1,4,2};
    // 「整列していない部分」から、順番に1つずつ取り出していきます
    for (int i=1; i<a.length; i++) {
      // 「挿入する値」を、変数に取り出します
      int tmp = a[i];
      // 挿入する位置の変数を用意します
      int ins = 0;
      // 「整列済みの部分」のどこに挿入すればいいかを、後ろから前に向かって順番に見
      // ていきます
      for (int j=i-1; j>=0; j--) {
        // もし「挿入する値」が小さければ
        if (a[j] > tmp) {
          // そこに挿入できるように、調べた値を1つ後ろへずらします
          a[j+1] = a[j];
        } else {
          // もし「挿入する値」が小さくなければ、そこでずらす処理を止めます
          // 挿入する位置を変数insに保存します
          ins = j+1;
          break;
        }
      }
      // ずらす処理が終わった位置に「挿入する値」を入れます
      a[ins] = tmp;
    }

    // ソート後の配列を表示します
    for (int i: a) {
      System.out.println(i);
    }
  }
}
```

結果!

```
1
2
3
4
10
```

第6章　ソートアルゴリズム

178

Swiftで整列する

くり返しは「for in 文」で行い、増減値を指定する「stride(from:<開始値>, to:<終了値>, by:<増減値>)」を使います。

「整列していない部分の直前（i-1）」から開始して、「先頭を越えるまで（-1）」、「後ろから前に（-1）」進んでいくので、「**for j in stride(from:i-1, to:-1, by:-1)**」と指定します。

また変数は、{ から } までのブロックの中でだけ有効（ブロックスコープ）なので、この for 文のくり返しが終わると、jの値が無効になり「どこに挿入すればいいか」がわからなくなってしまいます。そこで、あらかじめ「挿入する位置の変数（ins）」を用意しておいて、ここに位置を保存しておいて、for in 文の後に使います。

入力
してみよう!

```swift
// ソート前の配列データです
var a = [10,3,1,4,2]

// 「整列していない部分」から、順番に1つずつ取り出していきます
for i in 1..<a.count {
  // 「挿入する値」を、変数に取り出します
  var tmp = a[i]
  // 挿入する位置の変数を用意します
  var ins = 0
  // 「整列済みの部分」のどこに挿入すればいいかを、後ろから前に向かって順番に見ていきます
  for j in stride (from:i-1, to:-1, by:-1){
    // もし「挿入する値」が小さければ
    if (a[j] > tmp) {
      // そこに挿入できるように、調べた値を1つ後ろへずらします
      a[j+1] = a[j]
    } else {
      // もし「挿入する値」が小さくなければ、そこでずらす処理を止めます
      // 挿入する位置を変数insに保存します
      ins = j+1
      break;
    }
  }
  // ずらす処理が終わった位置に「挿入する値」を入れます
  a[ins] = tmp
}

// ソート後の配列を表示します
print("ソート後=",a)
```

結果!

```
ソート後= [1, 2, 3, 4, 10]
```

VBAで整列する

「整列していない部分（i）の直前」から開始して先頭まで、「後ろから前に」進んでいくので、「**For i=1 to length-1**」と指定します。「If Then」「Else」を使って、小さい場合と、小さくない場合の処理を振り分けます。くり返しを中断したいところで「Exit For」で中断します。

入力してみよう!

```
Sub insertSort()
  Dim a, length, ins, i, j, tmp
  ' ソート前の配列データです
  a = Array(10, 3, 1, 4, 2)

  ' 要素の個数を調べます
  length = UBound(a) + 1
  ' 「整列していない部分」から、順番に1つずつ取り出していきます
  For i=1 to length-1
    ' 「挿入する値」を、変数に取り出します
    tmp = a(i)
    ' 挿入する位置の変数を用意します
    ins = 0
    ' 「整列済みの部分」のどこに挿入すればいいかを、後ろから前に向かって順番に
      見ていきます
    For j=i-1 to 0 Step -1
      ' もし「挿入する値」が小さければ
      If a(j) > tmp Then
        ' そこに挿入できるように、調べた値を1つ後ろへずらします
        a(j+1) = a(j)
      Else
        ' もし「挿入する値」が小さくなければ、そこでずらす処理を止めます
        ' 挿入する位置を変数insに保存します
        ins = j+1
        Exit For
      EndIf
    Next j
    ' ずらす処理が終わった位置に「挿入する値」を入れます
    a(ins) = tmp
  Next i

  ' ソート後の配列を表示します
  Debug.Print "ソート後 ="
  For i = 0 To UBound(a)
    Debug.Print a(i)
  Next i
End Sub
```

```
1
2
3
4
10
```

6.5
シェルソート

シェルソートは、挿入ソートを改良して
作られた高速なソートアルゴリズムです。
間隔を空けて挿入ソートを行い、その
間隔をだんだん狭めていく方法です。
「ドナルド・シェルさん」が考えたアルゴ
リズムなので「シェルソート」といいます。

**ひとこと
で言うと！**

シェルソートとは……
全体に対して等間隔でざっくりと挿入ソートを行い、
その間隔をだんだん狭めていく方法

▶	目的	：データを昇順（小さい順）に並べ替えること
▶	現状	：わかっているのは、データの「個数」と「それぞれの値」
▶	結果	：求める結果は「昇順（小さい順）に並んだ配列」
▶	メリット	：挿入ソートより処理速度が速い
▶	デメリット	：アルゴリズムがやや難しい

アルゴリズムのイメージ

シェルソートは、うまく考えられたソートです。ざっくりと説明すると、この2つのアイデアでできています。

❶少ないデータであれば、ソートは速く行える。
❷大雑把でも順番に並んでいる部分が多いと、挿入ソートは高速にソートできる。

❶少ないデータであれば、ソートは速く行える

ソートの遅さが問題になってくるのは、データ量が増えたときです。データ量が多くなってくると、バブルソートや選択ソートなどの単純なアルゴリズムでは処理に時間がかかってしまいます。

しかし、データ量が少ないときはくり返しが少ないので、どんなソートで整列してもそれほど違いは感じられません。

そこで、「データをグループ分けして、少ないデータ量にすれば、ソートは処理は速くなるはず」というアイデアでソートを行います。大量のデータをまるまるソートするよりも、少量のデータに分割してソートを行うほうが圧倒的に高速になるのです。

① まず、配列をいくつかにグループ分けします。このとき「全体をまんべんなく処理できるように」間隔を空けて離れた値をひとつのグループとして考えます。これを少しずつずらして、すべてのデータを複数のグループに分割します。

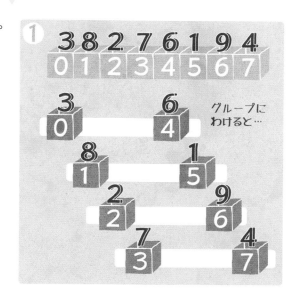

② 各グループは少ないデータの集まりなので、各グループ内は高速にソートできるのです。

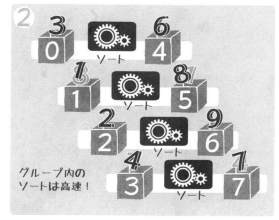

❷大雑把でも順番に並んでいる部分が多いと、挿入ソートは高速にソートできる

しかし、「グループ分けしてソート」しただけでは「順番に並んだデータのグループがいくつかできるだけ」なので全体としてはソートできていません。これらをうまくまとめていく必要があります。

そこで「挿入ソート」の優れた点を利用します。挿入ソートには「データ量が多くても、順番に並んでいる部分が多いと高速に処理できる」という優れた点があります。2つ目のアイデアでは、これを利用してまとめていくのです。

③ グループ分けしてソートした状態は「それぞれのグループ内でソートされているだけ」で、配列全体としてはソートされていません。
　でも、それぞれのグループは「間隔を空けて離れた値」なので「ある効果」が生まれるのです。間隔を空けてソートすることで、「小さい値は一気に前へ、大きい値は一気に後ろへ移動する」という効果が生まれます。
　これがすべてのグループに起こるので、配列全体として見ると、小さい値が前方に、大きい値が後方に集まって「大雑把にソートされた配列」になります。
　これは挿入ソートにとっては有利な状態です。順番に並んでいる部分が多いので、高速に処理できるからです。

④ 最初は「ソートされた小さいグループがたくさんできただけ」なので、大きくまとめ直すように再びグループ化をやり直します。間隔を半分に狭めてデータ量が増えるように再グループ化し直して、挿入ソートを行います。間隔が半分になってデータ量が増えたので、ソートの精度が少し上がりました。データ量は倍に増えますが、すでにソートされている部分が多くなっているので、高速にソートできるのです。

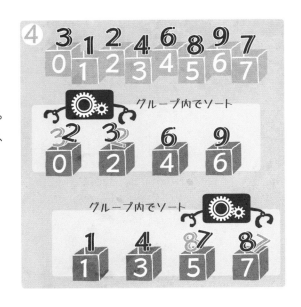

⑤ さらに、間隔を半分に狭めて再グループ化
して、挿入ソートを行いましょう。
これをくり返して、間隔が1つになったとき、
全データに対して挿入ソートが行われるこ
とになります。

このように、挿入ソートをうまく利用して改良し
たのがシェルソートなのです。

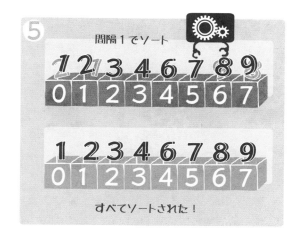

具体的な手順

これを、具体的な手順で考えるとどうなるでしょうか。

▪現状
① まず、データを「配列」に入れて準備してお
きます。最初はすべて「整列していない状
態」です。

▪グループ分けの間隔を半分にしていく
くり返し
② 配列の一定間隔ごとに離れた値をひとつの
グループとして考え、そのグループ内で挿入
ソートを行っていきます。「間隔の変数
（step）」を用意して、間隔を半分に狭めな
がら挿入ソートをくり返していくのです。

■各グループに「挿入ソート」を行う

③ 各グループの「整列していない部分」から、
1つずつ順番に取り出して挿入を行っていきます。
挿入ソートでは、先頭の1つを「整列済みの部分」、2つ目以降を「整列していない部分」として処理を開始します。シェルソートでは、step個のグループができているので「先頭の整列済みの部分」はstep個あります。step個目以降が「整列していない部分」なので、ここから1つずつ取り出して挿入ソートを行っていきます。

④ この間隔（step）を半分にしていっても、step個目以降が「整列していない部分」なので、ここから1つずつ取り出して挿入ソートを行っていきます。

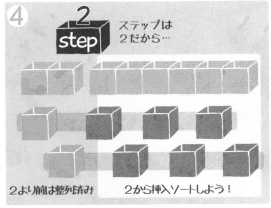

⑤ 取り出した値をどこに挿入すればいいかを、各グループの後ろからstep間隔で前に向かって見ていきます。

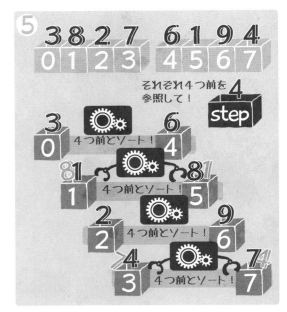

■結果

⑥ 間隔（step）が1になると全体が1つのグ
ループになります。

⑦ この状態で、挿入ソートを行うと、全データ
に挿入ソートが行われたことになり、ソート
が完了します。

フローチャート

まず、全体的な流れを見てみましょう。
シェルソートは、全体的な視点で見ると

> ❶「グループ分けの間隔を半分にしていくくり返し」を行う。
> ❷その中で各グループに対して「挿入ソート」を行う。

というアルゴリズムです。
「挿入ソート」は、二重のくり返しを行うアルゴリズムなので、これの❷に置き換えてみましょう。

> ❶「グループ分けの間隔を半分にしていくくり返し」を行う。
> ❷その中で「整列していない部分から、挿入する値を順番に1つずつ取り出す」くり返しを行う。
> ❸その中で「取り出した値を、整列した部分のどこに挿入すればよいかを見ていく」くり返しを行う。

という三重のくり返しを行うアルゴリズムということになります。

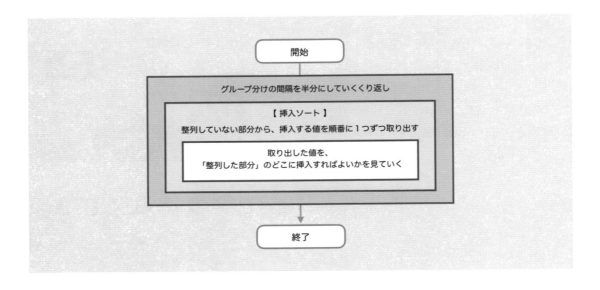

これを「フローチャート」で表してみましょう。

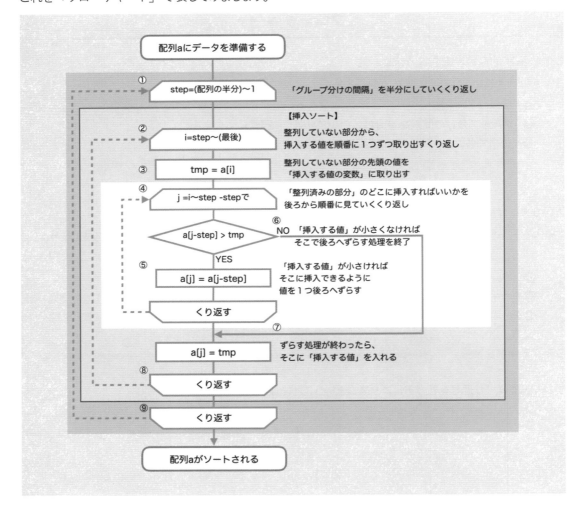

① まず「グループ分けの間隔（step）を配列の半分の長さから、半分にしていくくり返し」を行います。

② くり返しの中で挿入ソートを行っていきます。まず「整列していない部分から、挿入する値を1つずつ取り出すくり返し」を行います。

③ 「整列していない部分」の先頭の値を、「挿入する値の変数（tmp）」に入れて取り出します。

④ 「整列済みの部分」のどこに挿入すればいいかを、「後ろから前に向かって間隔（step）を空けて見ていくくり返し」を行います。

⑤ もし「挿入する値（tmp）」が小さければ、そこに挿入できるように、調べた値を間隔（step）を空けた後ろへ1つずらします。

⑥ もし「挿入する値（tmp）」が小さくなければ、そこでずらす処理を終わります。

⑦ ずらす処理が終わったら、そこに「挿入する値（tmp）」を入れます。

⑧ すべてが「整列済みの部分」になるまでくり返します。

⑨ グループ分けの間隔が1になるまでくり返したら、すべての値が小さい順に並びます

このアルゴリズムの特徴 (まとめ)

シェルソートは、間隔を開けて挿入ソートを行い、その間隔を狭めていくソートです。最初は大雑把にソートをして、だんだん細かくして精度を高めていくアルゴリズムです。

プログラム

フローチャートができたので、これを各プログラミング言語で記述してみましょう。
シェルソートは、「三重のくり返し」でできています。

一番外側は「値を半分にしていくくり返し」で、
その内側は「整列していない部分から、挿入する値を順番に1つずつ取り出すくり返し」で、
一番内側は「取り出した値を、整列した部分のどこに挿入すればよいかを見ていくくり返し」です。
この「値を半分にしていくくり返しの方法」は、プログラミング言語によって違いがあります。

Pythonで整列する

グループ分けの間隔を半分にしていくくり返しは、「while文」で行います。間隔（step）の最初は「配列の個数を2で割った値」で、それをwhile文の最後で、2で割ってくり返します。割り切れなかった場合のことを考えて「○ // ○」で整数化します。「○ // ○」は、小数以下を切り捨てて割り算を行うという演算子です。「**step //= 2**」と記述します。

入力
してみよう!

```python
# -*- coding: utf-8 -*-

# ソート前の配列データです
a = [10,3,1,9,7,6,8,2,4,5]

# 「グループ分けの間隔」を半分にしていくくり返し
step = len(a)//2
while step > 0 :
    # [  間隔を開けて挿入ソート  ]
    # 配列から順番に1つずつ「挿入する値」を取り出すことをくり返します
    for i in range(step, len(a)):
        #「挿入する値」を、変数に入れて待避します
        tmp = a[i]
        # 取り出した位置から前に向かって比較をくり返します
        for j in range(i, -1, -step):
            if a[j-step] >= tmp :
                # もし「挿入する値」が小さければ、その値をstep幅だけ後ろへずらします
                a[j] = a[j-step]
            else :
                # もし「挿入する値」が小さくなければ、そこでずらす処理を止めます
                break
        # ずらす処理が終わったところに「挿入する値」を入れます
        a[j] = tmp
    # 「グループ分けの間隔」を半分にしていきます
    step //= 2

# ソート後の配列を表示します
print("ソート後=",a)
```

結果!

```
ソート後= [1, 2, 3, 4, 5, 6, 7, 8, 9, 10]
```

JavaScript で整列する

グループ分けの間隔を半分にしていくくり返しは、「for 文」で行います。間隔（step）の最初は「配列の個数を 2 で割った値」で、それを 2 で割りながらくり返します。割り切れなかった場合のことを考えて「parseInt()」で整数化します。

入力 してみよう!

```javascript
<script>
    // ソート前の配列データです
    var a = [10,3,1,9,7,6,8,2,4,5];

    //「グループ分けの間隔」を半分にしていくくり返し
    for(var step=parseInt(a.length/2); step>0;
     step=parseInt(step/2)) {
        // [　間隔を開けて挿入ソート　]
        //「挿入する値」を順番に1つずつ取り出すくり返し
        for (var i=step; i<a.length; i++) {
            //「挿入する値」を、変数に入れて待避します
            var tmp = a[i];
            // 取り出した位置から前に向かって比較をくり返します
            for(var j=i; j>=step;j-=step) {
                if (a[j-step] > tmp) {
                    //　もし「挿入する値」が小さければ、その値をstep幅だけ後ろへ
                    //　　ずらします
                    a[j] = a[j-step];
                } else {
                    // もし「挿入する値」が小さくなければ、そこでずらす処理を止めます
                    break;
                }
            }
            // ずらす処理が終わったところに「挿入する値」を入れます
            a[j] = tmp;
        }
    }

    // ソート後の配列を表示します
    alert("ソート後="+a);
</script>
```

結果!

ソート後=1,2,3,4,5,6,7,8,9,10

PHPで整列する

グループ分けの間隔を半分にしていくくり返しは、「for文」で行います。間隔（$step）の最初は「配列の個数を2で割った値」で、それを2で割りながらくり返します。割り切れなかった場合のことを考えて「(int)」で整数化します。

入力してみよう!

```php
<?php
    // ソート前の配列データです
    $a = array(10,3,1,9,7,6,8,2,4,5);

    // 「グループ分けの間隔」を半分にしていくくり返し
    for($step=(int)(count($a)/2);$step>0;$step/=2){
        // [  間隔を開けて挿入ソート  ]
        // 配列から順番に1つずつ「挿入する値」を取り出すことをくり返します
        for($i=$step;$i<count($a);$i++){
            //「挿入する値」を、変数に入れて待避します
            $tmp = $a[$i];
            // 取り出した位置から前に向かって比較をくり返します
            for ($j=$i; $j>=$step; $j-=$step) {
                if ($a[$j-$step] > $tmp) {
                    //  もし「挿入する値」が小さければ、その値をstep幅だけ後ろへずらします
                    $a[$j] = $a[$j-$step];
                } else {
                    //  もし「挿入する値」が小さくなければ、そこでずらす処理を止めます
                    break;
                }
            }
            // ずらす処理が終わったところに「挿入する値」を入れます
            $a[$j] = $tmp;
        }
    }

    // ソート後の配列を表示します
    print_r($a);
?>
```

第6章 ソートアルゴリズム

```
Array
(
    [0] => 1
    [1] => 2
    [2] => 3
    [3] => 4
    [4] => 5
    [5] => 6
    [6] => 7
    [7] => 8
    [8] => 9
    [9] => 10
)
```

Cで整列する

グループ分けの間隔を半分にしていくくり返しは、「for文」で行います。間隔（step）の最初は「配列の個数を2で割った値」で、それを2で割りながらくり返します。割り切れなかった場合のことを考えて変数の型は「int」にします。

入力
してみよう！

```c
#include <stdio.h>

int main(int argc, char *argv[]) {
    // ソート前の配列データです
    int a[] = {10,3,1,9,7,6,8,2,4,5};

    // 要素の個数を調べます
    int length = sizeof(a)/sizeof(int);
    // 「グループ分けの間隔」を半分にしていくくり返し
    int step,i,j;
    for(step=length/2; step>0; step/=2) {
        // [  間隔を開けて挿入ソート  ]
        // 配列から順番に1つずつ「挿入する値」を取り出すことをくり返します
        for (i=step; i<length; i++) {
            // 「挿入する値」を、変数に入れて待避します
            int tmp = a[i];
```

▶続く

```
            // 取り出した位置から前に向かって比較をくり返します
            int j=i;
            for (j=i; j>=step; j-=step) {
              if (a[j-step] > tmp) {
                // もし「挿入する値」が小さければ、その値をstep幅だけ後ろへずらします
                a[j] = a[j-step];
              } else {
                // もし「挿入する値」が小さくなければ、そこでずらす処理を止めます
                break;
              }
            }
            // ずらす処理が終わったところに「挿入する値」を入れます
            a[j] = tmp;
        }

    }

    // ソート後の配列を表示します
    for (i=0;i<length;i++) {
      printf("%d ",a[i]);
    }
}
```

結果！

```
1 2 3 4 5 6 7 8 9 10
```

C# で整列する

グループ分けの間隔を半分にしていくくり返しは、「for文」で行います。間隔（step）の最初は「配列の個数を2で割った値」で、それを2で割りながらくり返します。割り切れなかった場合のことを考えて変数の型は「int」にします。

入力してみよう！

```
using System;

namespace test
{
  internal class Program
  {
    static void Main(string[] args)
    {
```

▶続く

```
        // ソート前の配列データです
        int[] a = new int[] {10,3,1,9,7,6,8,2,4,5};

        // 要素の個数を調べます
        int length = a.Length;
        //「グループ分けの間隔」を半分にしていくくり返し
        int step,i,j;
        for(step=length/2; step>0; step/=2) {
          // [ 間隔を開けて挿入ソート ]
          // 配列から順番に1つずつ「挿入する値」を取り出すことをくり返します
          for (i=step; i<length; i++) {
            //「挿入する値」を、変数に入れて待避します
            int tmp = a[i];
            // 取り出した位置から前に向かって比較をくり返します
            for (j=i; j>=step; j-=step) {
              if (a[j-step] > tmp) {
                // もし「挿入する値」が小さければ、その値をstep幅だけ後ろへずら
                   します
                a[j] = a[j-step];
              } else {
                // もし「挿入する値」が小さくなければ、そこでずらす処理を止めます
                break;
              }
            }

            // ずらす処理が終わったところに「挿入する値」を入れます
            a[j] = tmp;
          }
        }

        // ソート後の配列を表示します
        for (i=0;i<length;i++) {
          Console.Write("{0} ", a[i]);
        }
      }
    }
  }
}
```

結果！

```
1 2 3 4 5 6 7 8 9 10
```

Javaで整列する

グループ分けの間隔を半分にしていくくり返しは、「for文」で行います。間隔（step）の最初は「配列の個数を2で割った値」で、それを2で割りながらくり返します。割り切れなかった場合のことを考えて変数の型は「int」にします。

入力 してみよう!

```java
class ShellSort {

  public static void main(String[] args) {

    // ソート前の配列データです
    int a[] = {10,3,1,9,7,6,8,2,4,5};

    // 「グループ分けの間隔」を半分にしていくくり返し
    for(int step=a.length/2; step>0; step/=2) {
      // [   間隔を開けて挿入ソート   ]
      // 配列から順番に1つずつ「挿入する値」を取り出すことをくり返します
      for (int i=step; i<a.length; i++) {
        // 「挿入する値」を、変数に入れて待避します
        int tmp = a[i];
        // 取り出した位置から前に向かって比較をくり返します
        int j=i;
        for (j=i; j>=step; j-=step) {
          if (a[j-step] > tmp) {

            //もし「挿入する値」が小さければ、その値をstep幅だけ後ろへずらします
            a[j] = a[j-step];
          } else {
            // もし「挿入する値」が小さくなければ、そこでずらす処理を止めます
            break;
          }
        }
        // ずらす処理が終わったところに「挿入する値」を入れます
        a[j] = tmp;
      }
    }

    // ソート後の配列を表示します
    for (int i: a) {
      System.out.println(i);
    }
  }
}
```

第 6 章 ソートアルゴリズム

結果!

```
1
2
3
4
5
6
7
8
9
10
```

Swiftで整列する

グループ分けの間隔を半分にしていくくり返しは、「while文」で行います。間隔（step）の最初は「配列の個数を2で割った値」で、それをwhile文の最後で、2で割ってくり返します。割り切れなかった場合のことを考えて「**Int()**」で整数化します。

入力
してみよう!

```swift
// ソート前の配列データです
var a = [10,3,1,9,7,6,8,2,4,5]

// 「グループ分けの間隔」を半分にしていくくり返し
var step=Int(a.count/2)

while step > 0 {
    // [  間隔を開けて挿入ソート  ]
    // 配列から順番に1つずつ「挿入する値」を取り出すことをくり返します
    for i in step..<a.count {
        // 「挿入する値」を、変数に入れて待避します
        var tmp = a[i]
        // 取り出した位置から前に向かって比較をくり返します
        var j = i
        while (j>=step) {
            if a[j-step] > tmp {
                // もし「挿入する値」が小さければ、その値をstep幅だけ後ろへずらします
                a[j] = a[j-step]
            } else {
                // もし「挿入する値」が小さくなければ、そこでずらす処理を止めます
                break
            }
```

▶続く

右端のサイドタブ: Python / JavaScript / PHP / C / C# / Java / Swift / VBA

```
        // 間隔を開けて前に向かっていきます
        j-=step
    }
    // ずらす処理が終わったところに「挿入する値」を入れます
    a[j] = tmp
  }
  // 「グループ分けの間隔」を半分にしていきます
  step=Int(step/2)
}

// ソート後の配列を表示します
print("ソート後 =",a)
```

結果!

```
ソート後 = [1, 2, 3, 4, 5, 6, 7, 8, 9, 10]
```

VBA で整列する

入力 してみよう!

```
Sub shellSort()
    Dim a, length, ins, i, j, step, tmp
    ' ソート前の配列データです
    a = Array(10, 3, 1, 9, 7, 6, 8, 2, 4, 5)

    ' 要素の個数を調べます
    length = UBound(a) + 1

    ' 「グループ分けの間隔」を半分にしていくくり返し
    st = length / 2
    Do While st > 0
        ' [　間隔を開けて挿入ソート　]
        ' 配列から順番に1つずつ「挿入する値」を取り出すことをくり返します
        For i = st To length - 1
            ' 「挿入する値」を、変数に入れて待避します
            tmp = a(i)
            ' 取り出した位置から前に向かって比較をくり返します
            j = i
            For j = i To st Step -st
                If a(j - st) > tmp Then
```

▶続く

```
                          ' もし「挿入する値」が小さければ、その値をstep幅だけ後ろ
                            へずらします
                          a(j) = a(j - st)
                      Else
                          ' もし「挿入する値」が小さくなければ、そこでずらす処理を止
                            めます
                          Exit For
                      End If
                  Next j
                  ' ずらす処理が終わったところに「挿入する値」を入れます
                  a(j) = tmp
          Next i
          st = st / 2
      Loop

      ' ソート後の配列を表示します
      Debug.Print "ソート後 ="
      For i = 0 To UBound(a)
          Debug.Print a(i)
      Next i
  End Sub
```

結果!

```
1
2
3
4
5
6
7
8
9
10
```

できた！

6.6
クイックソート

クイックソートは、最も速くソートできる
アルゴリズムなので、名前に「クイック」
がついています。「再帰」という考え方を
使っていたり、アルゴリズムにテクニック
が使われているため、難しいと思われる
ことの多いアルゴリズムです。

**ひとこと
で言うと!**

**クイックソートとは……
適当な値を基準にざっくりと大小2つのグループに分割
し、それぞれのグループに対して同じ処理をくり返してい
く方法**

- ▶ **目的** ：データを昇順（小さい順）に並べ替えること
- ▶ **現状** ：わかっているのは、データの「個数」と「それぞれの値」
- ▶ **結果** ：求める結果は、「昇順（小さい順）に並んだ配列データ」
- ▶ **メリット** ：最速なソートアルゴリズムと言われている
- ▶ **デメリット** ：アルゴリズムが難しい

アルゴリズムのイメージ

クイックソートの基本的な考え方は、実は単純でわかりやすいものです。ピボットと呼ばれるある基準
（配列の真ん中の値にする場合もありますし、ランダムに選ぶ場合もあります）をもとに、配列全体を
大小2つに分割し、さらにそれぞれを大小2つに分割し、これを分割できなくなるまでくり返していく
ことで、最終的にデータを順番に並べていく方法です。

❶とりあえず、真ん中にある値を基準にして、データを大小2つのグループに分割する。
❷分割したグループそれぞれに、同じ処理をくり返す。

ところが、実際のクイックソートはこれだけではありません。効率良く並び替えていくテクニックとして、さらにいくつかのアイデアが盛り込まれています。

❸ 交換回数を減らすために、交換する必要のあるもの同士だけで交換を行う。
❹ アルゴリズムをシンプルにするために、「再帰」を使う。

「これらのテクニックをうまく組み合わせたアルゴリズム」なので、難しく見えるのです。
それぞれの考え方を整理して見ていきましょう。

❶❷ データを大小2つに分割して、くり返していく

クイックソートの基本は、「データを大小2つに分割していく」という考え方です。

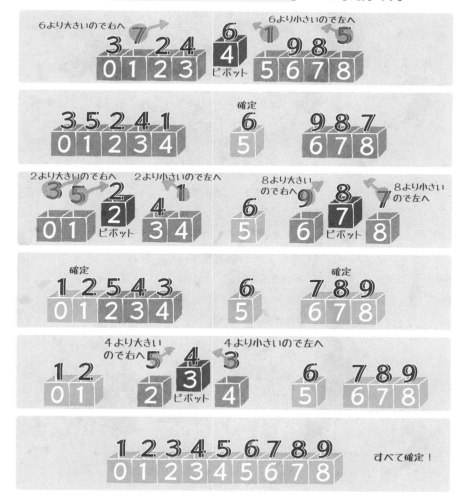

まず分割の「基準となる値」を決めます。これを「ピボット」と呼びます。「ピボットより大きいか小さいか」で2つに分割します。（ピボットの決め方は、次のコラムにあります。）

ピボットより小さかったら前方へ、大きかったら後方へ移動させて、配列の前方に小さい値を、後方に大きい値を集めます。

配列を大小2つのグループに分割したら、分割したそれぞれに対してまた同じように大小2つに分割していきます。分割したデータが1つになるまでくり返していけば、配列の値が順番に並ぶことになるという考え方です。

ピボットの決め方

クイックソートのピボット（分割の基準となる値）の決め方には、いろいろな方法があります。
大小の偏りがないように分割していくのが効率がよいので、理想的には「中央値（データをソートさせたときの中央の値）」を使うのがよいのですが、そもそもソートをする前なので中央値がわかりません。そこで、いろいろな方法が使われます。

① 「先頭にある値」をピボットにする。
② 「真ん中にある値」をピボットにする。
③ 「ランダムに1つ選んだ値」をピボットにする。
④ 「ランダムに3つ選んだ値の中央値」をピボットにする。

この本では「真ん中にある値」をピボットにしています。

❸交換する必要のあるもの同士で交換する

クイックソートでは、大小2つに分割していくとき、「効率のいいテクニック」が使われています。これは賢くて面白い考え方です。少し変わっているのでわかりにくく思えますが、効率よく交換を行うことができるアルゴリズムです。

ソートを行うとき、「無駄な交換」が多いとそれだけ処理が遅くなってしまいます。「無駄な交換を行わないこと」が高速化する秘訣です。そこで無駄な交換を行わない方法として、「絶対交換する必要のあるもの同士で交換する」というアルゴリズムが考えられました。「交換する必要のあるものが2つそろったときに、交換をする」という考え方です。

このアルゴリズムでは、範囲の左端（前方）と、右端（後方）の「両側」から調べていきます。

① まず、配列の左端から順番に、ピボット（分割の基準となる値）と比較していきます。配列の左側にピボットより小さい値を集めるための比較です。もし、ピボットより小さい値だったらそのままで問題ありません。その次（その右）の値を調べていきます。

しかし、もしピボットより大きい値だったら右側に移動させる必要があります。そこで、右側にある値と交換したいところですが、今すぐには交換しないで少し我慢します。なぜなら、交換先のデータが「交換する必要のある値かどうかわからない」からです。何も考えずに交換してしまうと「無駄な交換」になってしまうかも知れません。

② そこで、左側からの比較はここで一時中断して、今度は右端から比較をしていきます。配列の右側にピボットより大きい値を集めるためです。

もし、ピボットより大きい値だったらそのままで問題ありません。その次（その左）の値を調べていきます。

しかし、もしピボットより小さい値だったら左側に移動させる必要があります。

③ さて、ここで初めて「交換する必要のあるもの」が「2つ」そろいました。「右側へ移動させたい値」と「左側へ移動させたい値」です。この2つの交換であれば「無駄な交換にはならない」というわけです。交換を行いましょう。

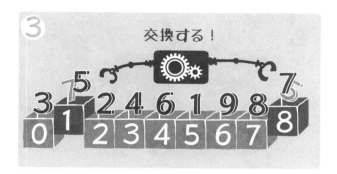

④ 交換したら、再び左側の続きを調べ
ていき、続いて右側の続きを調べて、
交換していきます。これをくり返して
いって、左と右がぶつかれば、「すべ
ての値を調べ終わった状態」となりま
す。

これは「配列を左右から一通り調べ
るだけ」で、「交換する必要のあるも
の同士の交換をして、大小2つのグ
ループに分割することができる」とい
う、賢くて面白いアルゴリズムなので
す。

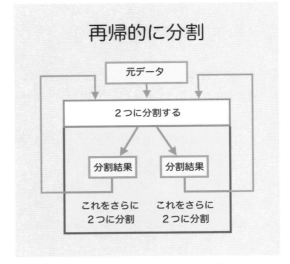

❹ 再帰を使う

クイックソートは、さらに「再帰」というテク
ニックを使います。「大小2つに分割したデータ
それぞれに、同じ処理を行う」という「くり返
し」を行いますが、ここに「再帰」を使うので
す。

「再帰」とは、「自分で自分自身を呼び出す」と
いう不思議なアルゴリズムで、慣れるまでは難
しく感じることがあります。

「同じ処理をくり返す」といっても、先頭から末
尾までを順番に探していくような「並列的なくり
返し」は「反復構造(ループ)」で行います。しか
し、クイックソートでは「分割した部分に対して、
さらに同じように分割していく」という階層的に深くなっていくくり返しです。このような「階層的なく
り返し」のときは、「再帰」を使うのです。

クイックソートでは、大小2つに分割する処理を行ったあと、その分割した結果についても「今行っ
たのと同じ処理を実行しなさい」と自分で自分に命令するのです。

「自分で自分に命令する」という行為はピンと来にくいですが、イメージ的には「自分と同じ仕事ので
きるコピーロボットを作って、その自分そっくりのロボットに命令して仕事をさせる」という考え方です。
自分は「1階層目の分割」を行いますが、「2階層目を分割」はコピーロボットが行います。「3階層
目の分割」はさらにそのコピーロボットが行います。階層が深くなるたびに、コピーロボットを生み出
して、同じ処理をくり返していくのです。

「再帰」のメリットは、階層構造の処理を行うとき「1階層分の処理」という単位に切り分けて考えることができるという点です。「アルゴリズムをシンプルな構造にすることができる便利な考え方」なのです。

しかし、使い方に注意点もあります。階層が深くなるたびにコピーロボットを作る（＝メモリを消費する）ことになりますので、階層がすごく深くなる場合はメモリをたくさん消費してしまいます。また、「いつくり返しが終了するのか」を必ず決めておくことが重要です。もし、くり返し終了の条件が決まっていなければ、無限にくり返しが続いてしまうことになるからです。

> 再帰のメリット：アルゴリズムをシンプルに考えることができる。
> 再帰のデメリット：階層が深くなると、メモリを消費する。くり返しの終了条件を決めておかないと、無限ループになってしまう。

具体的な手順

これを、具体的な手順で考えてみましょう。

■ 現状
① まず、データを「配列」に入れて準備しておきます。最初はまだ「整列していない状態」です。

■ 関数で再帰を行う
再帰は、「関数」を使って作ります。「関数」とは、「ある処理をする命令の集まりを、まとめて書いておいて使えるようにしたもの」です。普通は、何回も行う処理を「関数」として作っておいて、別のところから呼び出すのに使いますが、再帰では、関数を少し改造して作ります。関数の中からその関数自身を呼び出すように作ることで、「自分で自分自身を呼び出す」再帰を実現させるのです。

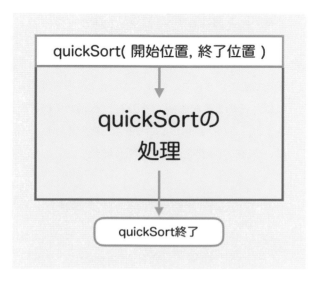

それでは「クイックソートを行う関数」を作りましょう。

どこからどこまでクイックソートを行うのかを指定できるように「開始位置」と「終了位置」を引数として作ります。

■ 準備

② 受け取った「開始位置」と「終了位置」に真ん中の値を、ピボット（pivot）に設定します。
さらに、「開始位置」を「左側の調べる位置を示す変数（left）」に、「終了位置」を「右側を調べる位置を示す変数（right）」に入れて分割を行う準備をします。

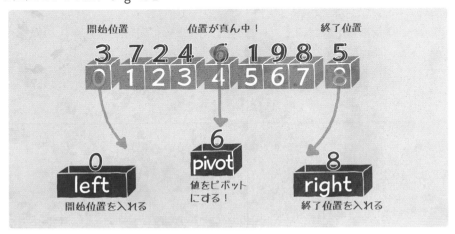

■ ピボットと比較して、データを大小2つに分割する

③ 大小2つに分割する処理は、何回くり返すかは実行してみないとわからないので、「ずっとくり返す反復構造」で、くり返しを行います。

④ まず左側（left）から、ピボットよりも大きい値を探していきます。値がピボットより小さければ、そのまま次の値（その右）へ進めていきます。しかし、もしピボットよりも大きければ、左側の調査をそこで中断します。

⑤ 次に右側（right）から、ピボットよりも小さい値を探していきます。値がピボットよりも大きければ、そのまま次の値（その左）へ進めていきます。しかし、もしピボットよりも小さければ、右側の調査をそこで中断します。
この時点で、「左側の位置（left）の値」にはピボットより大きい値、「右側の位置（right）の値」にはピボットより小さい値がある状態です。

ピボットより小さかった！

⑥ 左右からの調査が終わったとき、調べる「左側の位置（left）」と「右側の位置（right）」がぶつかっていれば、比較調査は終了です。
「ぶつかった位置より左側」にはピボットより小さい値が、「ぶつかった位置より右側」にはピボットより大きい値が、集まった状態になっています。

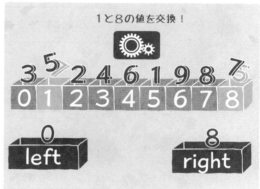

1と8の値を交換！

⑦ 調べる「左側の位置（left）」と「右側の位置（right）」がぶつかっていなければ、続きの処理を行います。
左側（left）には「右側へ移動させたい値」、右側（right）には「左側へ移動させたい値」がある状態です。この2つを交換して2つを移動させましょう。そしてまた、④〜⑦をくり返していきます。

■ 分割したデータそれぞれに、再帰的に同じ処理をくり返す

⑧ 調べる左右の位置がぶつかったら、大小のグループに分割することができました。ここで、さらに分割したそれぞれを調べていきます。

　もし、分割した左側にまだ分割するデータがあったら（データが2個以上あったら）、左側のデータを同じようにくり返します。調べる範囲を狭めて、自分自身を呼び出します。

　もし、分割した右側にまだ分割するデータがあったら（データが2個以上あったら）、右側のデータを同じようにくり返します。調べる範囲を狭めて、自分自身を呼び出します。

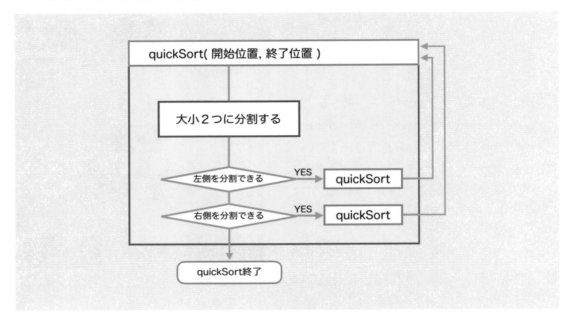

■ 結果

⑨ 分割できなくなるまで（データが1個ずつになるまで）くり返しを行えば、ソートが完了するというわけです。

フローチャート

■ クイックソートの関数

まず、クイックソートの関数を作ります。

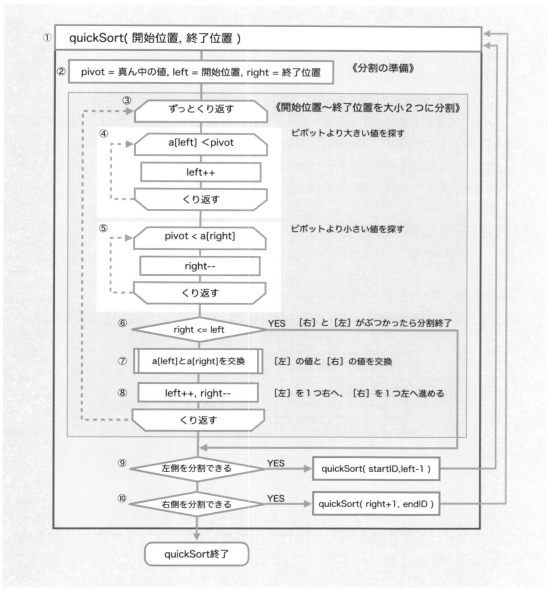

① まず、「開始位置」と「終了位置」をパラメータとして受け取ります。

② 分割の準備をします。「開始位置」と「終了位置」の真ん中の位置にある値を［ピボット（pivot）］
   に入れます。調べる［左（left）］には「開始位置」を、調べる［右（right）］には「終了位
   置」を入れます。

③ 配列の「開始位置」から「終了位置」までを大小2つに分割します。「ずっとくり返す反復構造」
   でくり返しを行います。

④ ピボットより大きい値を探します。［左］の値がピボットより小さければ、［左］を1つ右へ進めま
   す（left++）。

⑤ ピボットより小さい値を探します。［右］の値がピボットより大きければ、［右］を1つ左へ進めま
   す（right--）。

⑥ ［右］と［左］がぶつかったら、そこで分割終了です。

⑦ ぶつかっていなければ、［左］の値と［右］の値を交換します。

⑧ ［左］を1つ右へ、［右］を1つ左へ進めてから、⑤〜⑧をくり返します。

⑨ 調べる左右の位置がぶつかったら、大小のグループに分割することができました。ここで、さらに分割したそれぞれを調べていきます。

⑩ もし、分割した左側にまだ分割するデータがあったら（データが2個以上あったら）、左側のデータを同じようにくり返します。調べる範囲を狭めて、自分自身を呼び出します。

⑪ もし、分割した右側にまだ分割するデータがあったら（データが2個以上あったら）、右側のデータを同じようにくり返します。調べる範囲を狭めて、自分自身を呼び出します。

■関数を呼び出して実行する部分

クイックソート関数ができたら、これを呼び出して実行します。

⑪ データを配列に入れてから、クイックソート関数を呼び出します。

ソートを行う範囲は、配列の先頭から末尾までなので、0から（配列の個数 -1）を指定します。

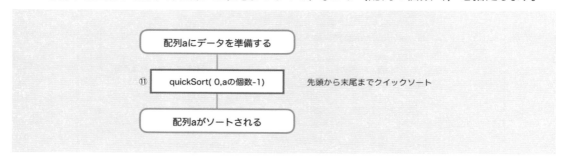

このアルゴリズムの特徴 (まとめ)

クイックソートは、ピボットと比較してデータを大小2つのグループに分割して、分割したグループそれぞれに、同じ処理を再帰的にくり返すソートです。そこに「交換する必要のあるもの同士で交換する」という効率のよいテクニックが使われているアルゴリズムです。

プログラム

フローチャートができたので、これを各プログラミング言語で記述してみましょう。

このクイックソートでは「関数」を使って再帰を行いますが、関数の外にある配列を整列させます。

この「関数の外にある配列を操作する方法」は、プログラミング言語によって違いがあります。

※VBAでは、複雑なプログラムになってしまうため、この本では省略します。

Python で整列する

Python では、関数の外側で宣言した変数や配列は、「**global <配列名>**」と指定すると、グローバル変数（プログラムのどこでも扱える変数）として扱うことができるようになります。

入力してみよう！

```python
# -*- coding: utf-8 -*-

# 《 クイックソート関数 》
def quickSort(startID, endID):
  # 関数の中から配列を扱えるようにします。
  global a
  # 真ん中の位置にある値を［ピボット］にします
  pivot = a[ int((startID + endID) / 2)]
  # 調べる［左］の位置を初期値にします
  left = startID
  # 調べる［右］の位置を初期値にします
  right = endID

  # 《 ピボットより小さい値を左側へ、大きい値を右側へ分割します 》
  while (True) :
    # ［左］の値がピボットより小さければ、［左］を1つ右へ進めます
    while (a[left] < pivot) :
      left+=1
    # ［右］の値がピボットより大きければ、［右］を1つ左へ進めます
    while (pivot < a[right]) :
      right-=1
    # ［右］と［左］がぶつかったら、そこで分割終了です
    if (right <= left):
      break

    # ぶつかっていなければ
    # ［左］の値と、［右］の値を交換します
    tmp = a[left]
    a[left] = a[right]
    a[right] = tmp
    # ［左］を1つ右へ進めます
    left+=1
    # ［右］を1つ左へ進めます
    right-=1
```

▶続く

Python

```
        # もし左側に分割するデータがあったら
        if (startID < left-1) :
            # 左側のデータを同じように分割します
            quickSort(startID,left-1)
        # もし右側に分割するデータがあったら
        if (right+1 < endID) :
            # 右側のデータを同じように分割します
            quickSort(right+1,endID)

# 《 クイックソートを行います 》
# ソート前の配列データです
a = [10,3,1,9,7,6,8,2,4,5]

# 先頭から末尾までソートします
quickSort(0, len(a)-1)

# ソート後の配列を表示します
print("ソート後 =",a)
```

結果！

```
ソート後 = [1, 2, 3, 4, 5, 6, 7, 8, 9, 10]
```

■Pythonらしいプログラム

先ほどの「グローバル変数を使う方法」は、「関数の外部のデータを書き換えてしまう」ことになってしまい、関数型プログラミング言語のPythonとしては、あまり好ましいプログラムではありません。この本では他のプログラミング言語と比較のために、同じ「関数の外部のデータを書き換えるアルゴリズム」で紹介しました。しかし、Python言語らしい「関数の外に副作用を及ぼさないアルゴリズム」を使って、次のように書くことができます。

「すでにある配列を書き換える方式」ではなく、「新しい配列を作って結果として返す方式」なので、少しアルゴリズムが違います。アルゴリズムが違うことで、このように短いプログラムになったりするんですね。

```python
# -*- coding: utf-8 -*-

#《 クイックソート関数 》
def quickSort(data):
    # データの個数が1個以下ならそのまま返します
    if len(data) <= 1:
        return data
    # 真ん中の位置にある値を［ピボット］にします

    pivot = data[ int((len(data) - 1) / 2)]
    # 左右の配列を空っぽにします
    left = []
    right = []
    # pivotより小さければleftに、大きければrightに追加します
    for i in range(0,len(data)):
        if data[i] < pivot:
            left.append(data[i])
        elif data[i] > pivot:
            right.append(data[i])
    # 分割した結果をさらにクイックソートします
    left = quickSort(left)
    right = quickSort(right)
    # 左の結果、真ん中のpivot、右の結果を足した配列を返します
    return left +[pivot] + right

#《 クイックソートを行います 》
# ソート前の配列データです
a = [10,3,1,9,7,6,8,2,4,5]

# 先頭から末尾までソートします
sortdata = quickSort(a)

# ソート後の配列を表示します
print("ソート後=",sortdata)
```

結果!

```
ソート後= [1, 2, 3, 4, 5, 6, 7, 8, 9, 10]
```

JavaScriptで整列する

JavaScriptでは、関数の外で宣言した変数や配列は「グローバル変数」になるので、プログラムのどこでも扱えます。

関数の外で準備した配列のデータを、関数の中から直接操作して整列させることができます。

入力
してみよう!

```
<script>
  // 《 クイックソート関数 》
  function quickSort(startID,endID) {
    // 範囲の真ん中にある値を [ピボット] にします
    var pivot = a[Math.floor((startID + endID) / 2)];
    // 調べる [左] の位置を初期値にします
    var left = startID;
    // 調べる [右] の位置を初期値にします
    var right = endID;

    // 《 ピボットより小さい値を左側へ、大きい値を右側へ分割します 》
    while (true) {
      // [左] の値がピボットより小さければ、[左] を1つ右へ進めます
      while (a[left] < pivot) {
        left++;
      }
      // [右] の値がピボットより大きければ、[右] を1つ左へ進めます
      while (pivot < a[right]) {
        right--;
      }
      // [右] と [左] がぶつかったら、そこで分割終了です
      if (right <= left){
        break;
      }
      // ぶつかっていなければ
      // [左] の値と [右] の値を交換します
      var tmp = a[left];
      a[left] = a[right];
      a[right] = tmp;
      // [左] を1つ右へ進めます
      left++;
      // [右] を1つ左へ進めます
      right--;
    }
```

▶続く

```
      // もし左側に分割するデータがあったら
      if (startID < left-1) {
        // 左側のデータを同じように分割します
        quickSort(startID,left-1);
      }
      // もし右側に分割するデータがあったら
      if (right+1 < endID) {
        // 右側のデータを同じように分割します
        quickSort(right+1,endID);
      }
    }

    //《 クイックソートを行います 》
    // ソート前の配列データです
    a = [10,3,1,9,7,6,8,2,4,5];

    // 先頭から末尾までソートします
    quickSort(0, a.length-1);

    // ソート後の配列を表示します
    alert("ソート後 ="+a);

  </script>
```

結果！

ソート後=1,2,3,4,5,6,7,8,9,10

PHPで整列する

PHPでは、関数の外側で宣言した変数や配列は、「**global ＜配列名＞**」と指定すると、グローバル変数（プログラムのどこでも扱える変数）として扱うことができるようになります。

入力
してみよう!

```php
<?php
// 《 クイックソート関数 》
function quickSort($startID,$endID) {
    // 関数の中から配列を扱えるようにします。
    global $a;
    // 真ん中の位置にある値を［ピボット］にします
    $pivot = $a[(int)(($startID + $endID) / 2)];
    // 調べる［左］の位置を初期値にします
    $left = $startID;
    // 調べる［右］の位置を初期値にします
    $right = $endID;

    // 《 ピボットより小さい値を左側へ、大きい値を右側へ分割します 》
    while (true) {
        // ［左］の値がピボットより小さければ、［左］を1つ右へ進めます
        while ($a[$left] < $pivot) {
            $left++;
        }
        // ［右］の値がピボットより大きければ、［右］を1つ左へ進めます
        while ($pivot < $a[$right]) {
            $right--;
        }
        // ［右］と［左］がぶつかったら、そこで分割終了です
        if ($right <= $left){
            break;
        }
        // ぶつかっていなければ
        // ［左］の値と、［右］の値を交換します
        $tmp = $a[$left];
        $a[$left] = $a[$right];
        $a[$right] = $tmp;
        // ［左］を1つ右へ進めます
        $left++;
        // ［右］を1つ左へ進めます
        $right--;
    }
    // もし左側に分割するデータがあったら
    if ($startID < $left-1) {
```

▶続く

```php
        // 左側のデータを同じように分割します
        quickSort($startID,$left-1);
    }
    // もし右側に分割するデータがあったら
    if ($right+1 < $endID) {
        // 右側のデータを同じように分割します
        quickSort($right+1,$endID);
    }
}

// 《 クイックソートを行います 》
// ソート前の配列データです
$a = array(10,3,1,9,7,6,8,2,4,5);

// 先頭から末尾までソートします
quickSort(0, count($a)-1);

// ソート後の配列を表示します
print_r($a);
?>
```

結果！

```
Array
(
    [0] => 1
    [1] => 2
    [2] => 3
    [3] => 4
    [4] => 5
    [5] => 6
    [6] => 7
    [7] => 8
    [8] => 9
    [9] => 10
)
```

Cで整列する

Cでは、関数の外側で宣言した変数や配列は「グローバル変数」になるので、プログラムのどこでも扱えますので、この方法で作ることもできます。しかし、関数の内側で配列を宣言して実行する場合は、別の関数で使うことができません。このようなときは、関数の引数として「配列のポインタ」を受け渡すことで扱うことができるようになります。

関数の引数で「配列のポインタ（*<配列名>）」を使い、「**void quickSort(int *a, int startID, int endID)**」と記述します。

入力 してみよう!

```c
#include <stdio.h>

// 《 クイックソート関数 》
void quickSort(int *a, int startID, int endID) {
  // 真ん中の位置にある値を [ピボット] にします
  int pivot = a[(int)((startID + endID) / 2)];
  // 調べる [左] の位置を初期値にします
  int left = startID;
  // 調べる [右] の位置を初期値にします
  int right = endID;

  // 《 ピボットより小さい値を左側へ、大きい値を右側へ分割します 》
  while (1) {
    // [左] の値がピボットより小さければ、[左] を1つ右へ進めます
    while (a[left] < pivot) {
      left++;
    }
    // [右] の値がピボットより大きければ、[右] を1つ左へ進めます
    while (pivot < a[right]) {
      right--;
    }

    // [右] と [左] がぶつかったら、そこで分割終了です
    if (right <= left){
      break;
    }
    // ぶつかっていなければ
    // [左] の値と、[右] の値を交換します
    int tmp = a[left];
    a[left] = a[right];
    a[right] = tmp;
    // [左] を1つ右へ進めます
    left++;
```

▶続く

第6章 ソートアルゴリズム

```c
      // ［右］を1つ左へ進めます
      right--;
    }
    // もし左側に分割するデータがあったら
    if (startID < left-1) {
      // 左側のデータを同じように分割します
      quickSort(a,startID,left-1);
    }
    // もし右側に分割するデータがあったら
    if (right+1 < endID) {
      // 右側のデータを同じように分割します
      quickSort(a,right+1,endID);
    }
}

int main(int argc, char *argv[]) {
    //《 クイックソートを行います 》
    // ソート前の配列データです
    int a[] = {10,3,1,9,7,6,8,2,4,5};
    // 要素の個数を調べます
    int length = sizeof(a)/sizeof(int);

    // 先頭から末尾までソートします
    quickSort(a, 0, length-1);

    // ソート後の配列を表示します
    int i;
    for (i=0;i<length;i++) {
      printf("%d ",a[i]);
    }
}
```

結果！

```
1 2 3 4 5 6 7 8 9 10
```

C# で整列する

C#では、関数の引数で配列を渡すとき「int[] a」を使い、「static void quickSort(int[] a, int startID, int endID)」と記述します。

入力
してみよう!

```
using System;

namespace test
{
  internal class Program
  {
    // 《 クイックソート関数 》
    static void quickSort(int[] a, int startID, int endID) {
      // 真ん中の位置にある値を［ピボット］にします
      int pivot = a[(int)((startID + endID) / 2)];
      // 調べる［左］の位置を初期値にします
      int left = startID;
      // 調べる［右］の位置を初期値にします
      int right = endID;

      // 《 ピボットより小さい値を左側へ、大きい値を右側へ分割します 》
      while(true){
        // ［左］の値がピボットより小さければ、［左］を1つ右へ進めます
        while (a[left] < pivot) {
          left++;
        }
        // ［右］の値がピボットより大きければ、［右］を1つ左へ進めます
        while (pivot < a[right]) {
          right--;
        }

        // ［右］と［左］がぶつかったら、そこで分割終了です
        if (right <= left){
          break;
        }
        // ぶつかっていなければ
        // ［左］の値と、［右］の値を交換します
        int tmp = a[left];
        a[left] = a[right];
        a[right] = tmp;
        // ［左］を1つ右へ進めます
        left++;
        // ［右］を1つ左へ進めます
        right--;
      }
```

▶続く

第6章 ソートアルゴリズム

```csharp
        // もし左側に分割するデータがあったら
        if (startID < left-1) {
          // 左側のデータを同じように分割します
          quickSort(a,startID,left-1);
        }
        // もし右側に分割するデータがあったら
        if (right+1 < endID) {
          // 右側のデータを同じように分割します
          quickSort(a,right+1,endID);
        }
      }

      static void Main(string[] args)
      {
        // ソート前の配列データです
        int[] a = new int[] {10,3,1,9,7,6,8,2,4,5};

        // 要素の個数を調べます
        int length = a.Length;
        // 先頭から末尾までソートします
        quickSort(a, 0, length-1);
        // ソート後の配列を表示します
        for (int i=0;i<length;i++) {
          Console.Write("{0} ", a[i]);
        }
      }
    }
  }
}
```

結果！

```
1 2 3 4 5 6 7 8 9 10
```

Javaで整列する

Javaでは、関数の外側で宣言した変数や配列は「グローバル変数」になるので、プログラムのどこでも扱えますので、この方法で作ることもできます。しかし、関数の内側で配列を宣言して実行する場合は、別の関数で使うことができません。このようなときは、関数の引数として「配列を参照渡し」を受け渡すことで扱うことができるようになります。

関数の宣言で「void quickSort(int a [], int startID, int endID) {」といったように、引数に「配列の宣言」を使います。

関数の引数で「配列を参照渡し(int< 配列名 > [])」を使い、「void quickSort (int a [], int startID, int endID)」と記述します。

```java
class QuickSortClass {
  // 《 クイックソート関数 》
  public static void quickSort(int a[], int startID, int endID) {
    // 真ん中の位置にある値を［ピボット］にします
    int pivot = a[(int)((startID + endID) / 2)];
    // 調べる［左］の位置を初期値にします
    int left = startID;
    // 調べる［右］の位置を初期値にします
    int right = endID;

    // 《 ピボットより小さい値を左側へ、大きい値を右側へ分割します 》
    while (true) {
      // ［左］の値がピボットより小さければ、［左］を1つ右へ進めます
      while (a[left] < pivot) {
        left++;
      }
      // ［右］の値がピボットより大きければ、［右］を1つ左へ進めます
      while (pivot < a[right]) {
        right--;
      }
      // ［右］と［左］がぶつかったら、そこで分割終了です
      if (right <= left){
        break;
      }

      // ぶつかっていなければ
      // ［左］の値と、［右］の値を交換します
      int tmp = a[left];
      a[left] = a[right];
      a[right] = tmp;
      // ［左］を1つ右へ進めます
      left++;
```

▶続く

```java
            // ［右］を1つ左へ進めます
            right--;
        }
        // もし左側に分割するデータがあったら
        if (startID < left-1) {
            // 左側のデータを同じように分割します
            quickSort(a, startID,left-1);
        }
        // もし右側に分割するデータがあったら
        if (right+1 < endID) {
            // 右側のデータを同じように分割します
            quickSort(a, right+1,endID);
        }
    }

    public static void main(String[] args) {
        // 《 クイックソートを行います 》
        // ソート前の配列データです
        int a[] = {10,3,1,9,7,6,8,2,4,5};

        // 先頭から末尾までソートします
        quickSort(a, 0,a.length-1);
        // ソート後の配列を表示します
        for (int i: a) {
            System.out.println(i);
        }
    }

}
```

結果！

```
1
2
3
4
5
6
7
8
9
10
```

Swiftで整列する

Swiftでは、関数の外側で宣言した変数や配列は、関数の内側でも扱えます。
関数の外で準備した配列のデータを、関数の中から直接操作して整列させることができます。

入力
してみよう！

```swift
// 《クイックソート関数 》
func quickSort(startID:Int, endID:Int){
  // 真ん中の位置にある値を［ピボット］にします
  let pivot = a[ Int((startID + endID) / 2)]
  // 調べる［左］の位置を初期値にします
  var left = startID
  // 調べる［右］の位置を初期値にします
  var right = endID

  //《 ピボットより小さい値を左側へ、大きい値を右側へ分割します 》
  while (true) {
    // ［左］の値がピボットより小さければ、［左］を1つ右へ進めます
    while (a[left] < pivot) {
      left+=1
    }
    // ［右］の値がピボットより大きければ、［右］を1つ左へ進めます
    while (pivot < a[right]) {
      right-=1
    }
    // ［右］と［左］がぶつかったら、そこで分割終了です
    if (right <= left){
      break
    }
    // ぶつかっていなければ
    // ［左］の値と、［右］の値を交換します
    let tmp = a[left]
    a[left] = a[right]
    a[right] = tmp
    // ［左］を1つ右へ進めます
    left+=1
    // ［右］を1つ左へ進めます
    right-=1
  }
  // もし左側に分割するデータがあったら
  if (startID < left-1) {
    // 左側のデータを同じように分割します
    quickSort(startID:startID,endID:left-1)
  }
```

▶続く

```
    // もし右側に分割するデータがあったら
    if (right+1 < endID) {
      // 右側のデータを同じように分割します
      quickSort(startID:right+1,endID:endID)
    }
  }

  // 《 クイックソートを行います 》
  // ソート前の配列データです
  var a = [10,3,1,9,7,6,8,2,4,5]

  // 先頭から末尾までソートします
  quickSort(startID:0, endID:a.count-1)

  // ソート後の配列を表示します
  print("ソート後=",a)
```

結果!

```
ソート後= [1, 2, 3, 4, 5, 6, 7, 8, 9, 10]
```

付録1
オブジェクトをソートする

この本で解説したソートでは、「配列の値を並び替えるだけ」でしたが、実際には「複数のデータを
まとめてソートしたい」ときが多くあります。

例えば、「成績表で、名前と点数をまとめて並び替えたい」とか「商品データで、価格と名前をまと
めて並び替えたい」といった場合です。

このようなときは「オブジェクト」を使う方法があります。

▼

この本で解説したソートでは、「配列」に「値」を入れて並び替えていましたが、この「値」の代わ
りに「オブジェクト」という「複数のデータのまとまり」を入れて並び替えるのです。

▼

例えば、名前と点数をまとめて並び替えたいときは、「名前と点数」をオブジェクトにまとめて配列に
入れておきます。ソートを行うときには「オブジェクトの点数」を比較して「オブジェクトをまるごと」
並べ替えるのです。

プログラム

それでは「名前と点数をまとめて、点数順にソートするプログラム」を記述してみましょう。

例として、PythonとJavaScriptのバブルソートで、オブジェクトをソートしてみます。

Python でソートする

入力
してみよう！

```python
# ソート前の配列データです
a = []
# 名前と点数をまとめたオブジェクトを追加していきます
a.append({"name":"A", "score":10})
a.append({"name":"B", "score":30})
a.append({"name":"C", "score":100})
a.append({"name":"D", "score":80})
a.append({"name":"E", "score":70})

# 調べる範囲の開始位置を1つずつ後ろへ移動していくくり返し
for i in range(len(a)):
  # 後ろから前に向かって小さい値を浮かび上がらせるくり返し
  for j in range(len(a)-1, i, -1):
    # # 隣り合う2つのscore値のうち、後ろの方の値が大きかったら
    if a[j]["score"] > a[j-1]["score"] :
      # オブジェクトを交換して、前に移動します
      tmp = a[j]
      a[j] = a[j-1]
      a[j-1] = tmp

# 結果を表示します
print("ソート後=")
for i in range(len(a)):
  print(a[i]["name"]+":"+str(a[i]["score"]))
```

結果！

```
ソート後=
C:100
D:80
E:70
B:30
A:10
```

JavaScriptでソートする

```
<script>
    // ソート前の配列データです
    a = [];
    // 名前と点数をまとめたオブジェクトを追加していきます
    a.push({name:"A", score:10});
    a.push({name:"B", score:30});
    a.push({name:"C", score:100});
    a.push({name:"D", score:80});
    a.push({name:"E", score:70});

    // 調べる範囲の開始位置を1つずつ後ろへ移動していくくり返し
    for (i=0; i<a.length; i++) {
        // 後ろから前に向かって小さい値を浮かび上がらせるくり返し
        for (j=a.length-1; j>i; j--) {
            // 隣り合う2つのscore値のうち、後ろの方の値が大きかったら
            if (a[j].score > a[j-1].score) {
                // オブジェクトを交換して、前に移動します
                tmp = a[j];
                a[j] = a[j-1];
                a[j-1] = tmp;
            }
        }
    }
    // 結果を表示します
    document.write("ソート後=");
    for (i=0;i<a.length;i++) {
        document.writeln(a[i].name+":"+a[i].score);
    }
</script>
```

結果!

ソート後=C:100 D:80 E:70 B:30 A:10

付録2
シャッフルするアルゴリズム

ソートアルゴリズムは、順番に並べるアルゴリズムですが、反対に不規則に並べるアルゴリズムを紹介しましょう。「シャッフルするアルゴリズム」です。

フィッシャーさんとイェーツさんが考えたので「Fisher–Yates シャッフル」と呼ばれ、簡単で、しかも効率もよいアルゴリズムです。

アルゴリズムのイメージ

Fisher–Yates シャッフルは、「くじ引きの箱の中からくじを1つずつ取り出して、順番に並べていくような方法」です。

「取り出して並べていく」という意味では「選択ソート」に少し似ているかも知れません。配列全体を「取り出す範囲（くじの箱）」と「結果の範囲」に分けて考えます。

① 「取り出す範囲（くじの箱）」の中からランダムに1つを決めます。これは、くじの箱の中に手を入れて1つをつかんだ状態です。

② 次に、末尾のデータと交換します。これは、くじの箱から取り出して「結果の範囲」に並べた状態です。（末尾から順に「結果の範囲」を広げていきます。）

③ 「取り出す範囲（くじの箱）」から1つ取り出して「結果の範囲」に並べたので、「取り出す範囲（くじの箱）」を1つ前に狭めます。

④ ①②③を同じようにくり返し、先頭までくり返
　していけば、すべての値が不規則に並ぶとい
　うわけです。

※結果を末尾から決めていくのは、ランダムをシンプルに行うためのテクニックです。取り出す範囲の先頭が常に0の
　ままになるので、ランダムな値を求めるとき、「0〜取り出す範囲の末尾」から値を求めればいいからです。

フローチャート

これを「フローチャート」で表してみましょう。

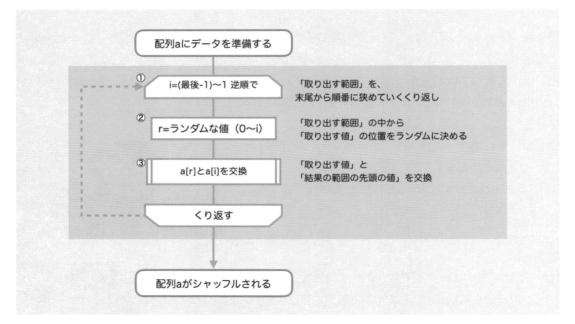

① 「取り出す範囲」を、末尾から順番に狭めてくり返します。
② 「取り出す範囲」の中から「取り出す値」をランダムに1つ決めます。
③ 「取り出す値」と「結果の範囲の先頭の値」を交換します。
くり返しが終わったら、「不規則に並んだ配列」が得られます。

プログラム

それでは、「配列の中身をシャッフルするプログラム」を記述してみましょう。例として、Pythonと
JavaScriptのプログラムを紹介します。

Python でシャッフルする

Python

入力
してみよう！

```
import random

# シャッフル前の配列データです
a = [1,2,3,4,5]

#「取り出す範囲」を、末尾から順番に狭めていくくり返し
for i in range(len(a)-1, 0, -1):
    #「取り出す範囲」の中から「取り出す値」を1つ決める
    r = random.randint(0, i)
    #「取り出す値」と「結果の範囲の先頭の値」を交換
    tmp = a[i]
    a[i] = a[r]
    a[r] = tmp

# 結果を表示します
print("シャッフル後 =",a)
```

結果！

```
シャッフル後 =3,2,4,1,5
```

JavaScriptでシャッフルする

入力
してみよう!

```
<script>
    // シャッフル前の配列データです
    a = [1,2,3,4,5];

    // 「取り出す範囲」を、末尾から順番に狭めていくくり返し
    for(i = a.length - 1; i > 0; i--) {
        // 「取り出す範囲」の中から「取り出す値」の位置をランダムに決める
        r = Math.floor(Math.random() * (i + 1));
        // 「取り出す値」と「結果の範囲の先頭の値」を交換
        tmp = a[i];
        a[i] = a[r];
        a[r] = tmp;
    }
    // 結果を表示します
    document.writeln("シャッフル後 =",a);
</script>
```

結果!

```
シャッフル後 =3,2,4,1,5
```

付
録

232

付録3
迷路自動生成アルゴリズム：棒倒し法

ランダムに棒を倒して迷路を作る方法

迷路のアルゴリズムには、「迷路を作る」アルゴリズムもありますし、「迷路を解く」アルゴリズムもあります。

まずは、迷路を作る「迷路自動生成アルゴリズム」を紹介しましょう。迷路自動生成アルゴリズムには、「棒倒し法」「穴掘り法」「壁伸ばし法」などいろいろな手法があります。

その中の「棒倒し法」は、最も簡単なアルゴリズムです。まず迷路を作るエリアの周囲に壁を作り、その中を縦横に1つ飛ばしに柱を立てます。そして、それぞれの柱（棒）を「上下左右のいずれか」の方向に倒していくことで、迷路を作ります。

この「棒倒し法」のメリットは、とにかく簡単に作れることです。プログラムを簡単に作ることができるので初心者が使いやすいアルゴリズムです。ですが、生成される迷路は簡単な迷路になりやすいというデメリットがあります。ループする通路ができて脱出するルートが複数できたり、壁に囲まれて閉じられた領域ができることもあります。

「簡単に解けてもいい迷路を作りたい場合」や、「迷路風のゲームのステージを作りたい場合」などで使いやすいでしょう。

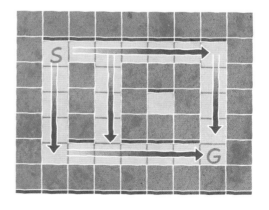

アルゴリズムのイメージ

「棒倒し法」は、「1つ飛ばしに並んだ柱から、ランダムに棒を倒して迷路を作る方法」です。

① まず、「5x5以上の奇数の2次元配列」を用意して、ここに迷路を作っていきます。配列の上下左右の端は壁にして「迷路の外枠」にします。この中に、縦横1つ飛ばしの柱を作っていきます。

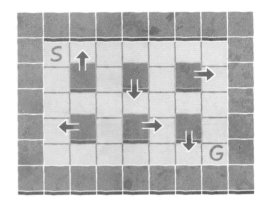

付録

② できた柱それぞれに1つずつ「上下左右のいずれか」の方向にランダムに壁を追加すれば、迷路ができあがります。

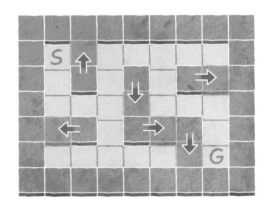

③ 最後にできた配列を使って、迷路を表示しましょう。

プログラム

これを Python のプログラムで記述してみましょう。

実行するたびに、毎回違った迷路が自動生成されます。ただし、ループする通路ができて、脱出ルートが複数ある簡単な迷路になることがあります。

Python で迷路を作る

入力
してみよう!

```python
import random

# 迷路の幅と高さ（5以上の奇数）。スタートは左上、ゴールは右下です。
mapw, maph = 11, 9
sx, sy = 1, 1
ex, ey = mapw - 2, maph - 2

maze_map = []
for yy in range(maph):
    maze_line = []
    for xx in range(mapw):
        block = " "
        # もし、右端か左端なら壁にします。
        if xx == 0 or xx == mapw - 1:
            block = "#"
        # もし、上端か下端なら壁にします。
        if yy == 0 or yy == maph - 1:
            block = "#"
        # もし、1つ飛ばしの柱の位置なら壁にします。
        if xx % 2 == 0 and yy % 2 == 0:
            block = "#"
        maze_line.append(block)
    maze_map.append(maze_line)

def make_maze():
    dx = [1, 0, -1, 0]
    dy = [0, -1, 0, 1]
    # 1つ飛ばしの柱の位置に移動します。
    for y in range(2, maph - 1, 2):
        for x in range(2, mapw - 1, 2):
            # 上下左右にランダムに1つ壁を作ります。
            r = random.randint(0, 3)
            maze_map[y+dy[r]][x+dx[r]] = "#"
```

▶続く

```
#迷路を生成します。
make_maze()
maze_map[sy][sx] = "S"
maze_map[ey][ex] = "G"

# 生成した迷路を表示します。
for i in maze_map:
    line = ""
    for j in i:
        # 迷路の1文字データを、2文字で表示します。
        line += j*2  + " "
    print(line)
```

結果！

```
## ## ## ## ## ## ## ## ## ## ##
## SS                          ##
## ## ##     ## ## ##     ## ## ##
##               ##           ##
## ## ##     ##     ##     ##     ##
##           ##     ##     ##     ##
##     ##     ##     ##     ##     ##
##     ##                 GG ##
## ## ## ## ## ## ## ## ## ## ##
```

幅と高さの指定を変更すると、大きさの違う迷路も作れます。

プログラム修正

```
mapw, maph = 19, 15
```

結果！

```
## ## ## ## ## ## ## ## ## ## ## ## ## ## ## ## ## ## ##
## SS                                    ##           ##
## ## ## ## ## ## ##     ## ## ## ## ##     ## ## ##     ##
##                         ##     ##                 ##
##     ## ## ##     ## ## ##     ##     ## ## ## ## ##     ##
##           ##           ##     ##                 ##     ##
##     ## ## ## ## ##     ##     ##     ##     ## ## ##     ##
##           ##                 ##     ##     ##     ##
##     ##     ## ## ##     ## ## ## ## ##     ##     ##     ##
##     ##           ##                 ##           ##
## ## ## ## ## ## ## ## ## ## ##     ## ## ##     ##     ##
##     ##     ##           ##     ##           ##     ##
##     ##     ##     ##     ## ## ## ## ##     ##     ##     ##
##                 ##                 ##     GG ##
## ## ## ## ## ## ## ## ## ## ## ## ## ## ## ## ## ## ##
```

付録4
迷路自動生成アルゴリズム：穴掘り法

ランダムに2歩ずつ穴を掘って迷路を作る方法

迷路自動生成アルゴリズムには、「穴掘り法」もあります。

「穴掘り法」は、まず迷路を作るエリアをすべて壁で埋めておき、「上下左右のいずれか」の方向にランダムに2歩穴を掘って通路を作り、これをくり返して迷路を作る方法です。

この「穴掘り法」もアルゴリズムが簡単なのが特徴です。しかも「棒倒し法」ではできてしまうことがあった「ループする通路」が「穴掘り法」ではできないので、難しい迷路ができやすくなります。さらに、行き止まりになるまで掘り進んでいく方法なので「長い通路の先の行き止まり」ができて、難しい迷路になりやすい傾向にあります。

アルゴリズムのイメージ

「穴掘り法」は、「ランダムに2歩ずつ穴を掘って迷路を作る方法」です。

① まず、「5x5以上の奇数の2次元配列」を用意して、ここに迷路を作っていきます。配列は最初すべて壁で埋めておきます。スタート地点から「上下左右のいずれか」に2歩ずつランダムに穴を掘って通路を作っていきます。「2歩ずつ穴を掘ること」で、「棒倒し法」でいう柱や壁を生み出していくのです。

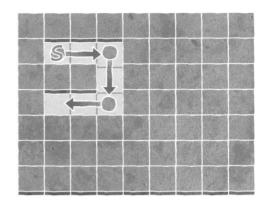

② 以下の2つの禁止事項を行わないようにしながら、ランダムに穴を掘っていきます。

1つ目は、「迷路の外側に出る穴を掘ってはいけないこと」です。もし、2歩先が迷路の外なら、その方向への穴掘りは中止します。これにより、四方に壁を壊さない迷路を作ることができます。

2つ目は、「すでに掘った穴につながる穴を掘ってはいけないこと」です。もし、2歩先がすでに掘った穴なら、その方向への穴掘りは中止します。これにより、ループしてしまう通路が発生しなくなります。

この2つ以外であれば、2歩先まで穴掘りを進め、掘り進んだ先でまた②をくり返していきます。そして、最終的にどの方向へ穴を掘ろうとしても「迷路の外へ出る」か「すでに掘った穴につながる」状態になったとき穴掘りは終了になり、迷路が完成します。

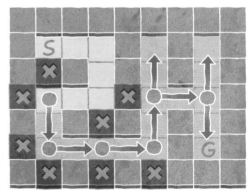

③ 最後にできた配列を使って、迷路を表示しましょう。

プログラム

これをPythonのプログラムで記述してみましょう。

実行するたびに、毎回違った迷路が自動生成されます。「棒倒し法」と違ってループする通路ができないので、「穴掘り法」の迷路は難しめの迷路になります。

Python で迷路を作る

```python
import random

# 迷路の幅と高さ（5以上の奇数）。スタートは左上、ゴールは右下です。
mapw, maph = 11, 9
sx, sy = 1, 1
ex, ey = mapw - 2, maph - 2

# 迷路をすべて壁で埋めます。
maze_map = []
for yy in range(maph):
    maze_line = []
    for xx in range(mapw):
        maze_line.append("#")
    maze_map.append(maze_line)

def dig_maze(x, y):
    dx = [1, 0, -1, 0]
    dy = [0, -1, 0, 1]
    # 穴を掘る向きをランダムに決めます。
    dID = [0, 1, 2, 3]
    random.shuffle(dID)
    for i in dID:
        # 2歩先が迷路外なら、その方向への穴掘りは中止します。
        wx = x + dx[i] * 2
        wy = y + dy[i] * 2
        if wy < 1 or wy >= maph:
            continue
        if wx < 1 or wx >= mapw:
            continue
        # 2歩先がすでに掘られていたら、その方向への穴掘りは中止します。
        if maze_map[wy][wx] == " ":
            continue
        # 2歩先まで穴を掘ります。
        for j in range(0, 3):
            ix = x + dx[i] * j
            iy = y + dy[i] * j
            maze_map[iy][ix] = " "
        # そこから、また穴掘りを行います。
        dig_maze(wx, wy)
```

▶続く

```
#スタート地点から、穴掘りを行います。
dig_maze(sx, sy)
maze_map[sy][sx] = "S"
maze_map[ey][ex] = "G"

# 生成した迷路を表示します。
for i in maze_map:
    line = ""
    for j in i:
        # 迷路の1文字データを、2文字で表示します。
        line += j*2  + " "
    print(line)
```

```
## ## ## ## ## ## ## ## ## ## ##
## SS             ##          ##
## ## ## ## ##    ##    ##    ##
##       ##             ##    ##
##    ##    ## ## ## ##       ##
##    ##    ##             ##  
##    ## ## ##    ## ## ## ## ##
##                     GG ##
## ## ## ## ## ## ## ## ## ## ##
```

幅と高さの指定を変更すると、大きさの違う迷路も作れます。

プログラム
修正

```
mapw, maph = 19, 15
```

```
## ## ## ## ## ## ## ## ## ## ## ## ## ## ## ## ## ## ##
## SS ##                 ##                          ##
##    ## ## ## ## ##      ##    ## ## ## ## ##    ##  ##
##                 ##                    ##    ##    ##
## ## ## ## ##    ## ## ## ## ## ## ##    ##    ## ## ##
##          ##                      ##    ##        ##
##    ## ## ## ## ## ## ## ## ##    ##    ## ## ##  ##
##                 ##                ##    ##        ##
##    ##    ## ## ##    ## ## ## ## ## ##    ##    ##
##    ##       ##    ##                ##    ##    ##
##    ## ## ##    ##    ##    ## ## ##    ##    ##  ##
##    ##    ##          ##          ##    ##    ##  ##
##    ##    ## ## ## ## ## ## ##    ##    ##    ##  ##
##                          ##          ## GG ##
## ## ## ## ## ## ## ## ## ## ## ## ## ## ## ## ## ## ##
```

付
録

付録5

迷路探索アルゴリズム：
右手法（左手法）

壁につけた右手を絶対に離さないで進む方法

アルゴリズムで「迷路を作る」ことができたので、次はアルゴリズムで「迷路を解いて」みましょう。

「迷路探索アルゴリズム」を使えば、コンピュータに迷路を解かせることができます。「右手法（左手法）」「幅優先探索法」「深さ優先探索法」「ダイクストラ法」「Ａ＊法」など、いろいろな手法があります。

その中でも「右手法（左手法）」は、最もシンプルなアルゴリズムです。現実世界にある迷路でも簡単なものであれば、このアルゴリズムを使えば目をつむったまま迷路を脱出できる方法です。

まず、迷路に入ったら右手（または左手）を壁につけてください。あとは、その手を壁から絶対に離さないようにして進んで行くだけでゴールができる、というアルゴリズムです。

「右手法」は、アルゴリズムがシンプルというメリットがありますが、デメリットもいくつかあります。行き止まりの通路へ進んで、往復してきて無駄なルートを進んでしまう場合があります。また、ゴールが外壁からつながっていないような中央にある場合、迷路から脱出できないということも起こります。

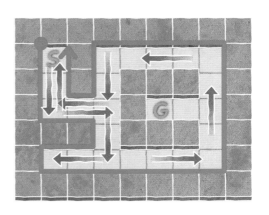

とはいえ、「簡単な迷路を、簡単なアルゴリズムで解きたい場合」には使いやすいアルゴリズムです。

アルゴリズムのイメージ

「右手法（左手法）」は、「壁につけた右手を絶対に離さないでいれば、目をつむっていても脱出できる方法」です。

さて、実際に目をつむって迷路を進んで行くとしたら、どのように進んで行くことになるか想像してみましょう。

まず、右手が壁に触れていたら、「右が壁なので、前に」進めばいいと考えられます。ですが、もしも前にも壁があったら、ぶつかってしまいます。ですので、「右が壁なら、さらに前を調べ、前が壁でなければ、前に」進みましょう。

そして一歩進んで、もし右手が壁に触れなければ「右に壁がない状態なので、右に」進みます。

整理すると、「もし右に壁がなければ、右に」進み、「もし右が壁なら、さらに前を調べ、もし前が壁でなければ、前に」進みます。

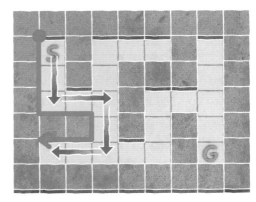

さらに進んでいって、行き止まりに遭遇することも考えられます。このときも同じ方法のくり返しで調べます。「もし右が壁なら、さらに前を調べ、もし前が壁なら、さらに左を調べ、もし左が壁でなければ、左に」進みます。

つまり、「右が壁か、前が壁か、左が壁か、後が壁か」と順番に調べていき、壁でない方向に進むことで、「右手を離さないで進む」ことができます。

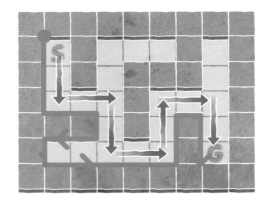

このアルゴリズムは、最終的にプログラムで作ることになりますが、プログラムでは迷路は2次元配列で作ります。ですので、この方法を「2次元配列上で、脱出するコマを移動させるとしたらどうなるか」という視点で考えてみましょう。

付録

① まず、上を向いて進むとき『脱出するコマの右手の方向』は、『2次元配列の右方向』になるので、右から調べていきます。「右が壁なら、さらに上を調べ、上には壁でないので、上に」進みます。

①上を向いて右方向は右
　　右：×　　上：進める

② 上に一歩進んでも、同じように上を向いています。『脱出するコマの右手の方向』は、また『2次元配列の右方向』になるので、右を調べます。「右には壁でないので、右に」進みます。

②上を向いて右方向は右
　　右：進める

③ 右に進むということは、右に向きを変えて進むことになります。『脱出するコマの右手の方向』は、『2次元配列の下方向』に変わるので、下から順番に調べていきます。「下が壁なら、さらに右を調べ、右が壁なら、さらに上を調べ、上が壁なら、さらに左を調べ、左には壁でないので、左に」進みます。

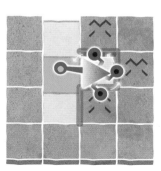

③上を向いて右方向は下
　　下：×　　右：×

④ 左に進むということは、左に向きを変えて進むことになります。『脱出するコマの右手の方向』は、『2次元配列の上方向』に変わるので、上から調べていきます。「上には壁でないので、上に」進みます。

④左を向いて右方向は上
　　上：進める

このように、「脱出するコマ」を進めながら、コマの右手の方向から順番に「右が壁か、上が壁か、左が壁か、下が壁か」と調べていき、壁がない方向に進みます。これをくり返していくことで「右手を壁から離さないで」進んでいくことになります。そして、その迷路が右手法で解ける迷路であれば、最終的にゴールにたどり着きます。

プログラム

これをPythonのプログラムで記述してみましょう。
このプログラムでは、1歩進むごとにカウントして、「今何歩目なのか」を配列に書き込んでいきます。こうすれば、ゴールにたどり着いたときこの配列を表示することで、迷路をどのように進んでいったかがわかります。

Python で迷路探索する

```python
import random

# 迷路の幅と高さ。スタートは左上、ゴールは右下です。
mapw, maph = 11, 9
sx, sy = 1, 1
ex, ey = mapw - 2, maph - 2
# 迷路のデータです。
maze_map = [
    ["#","#","#","#","#","#","#","#","#","#","#"],
    ["#"," "," "," "," ","#"," "," "," "," "," ","#"],
    ["#","#","#"," ","#"," ","#","#","#"," ","#"],
    ["#"," "," "," ","#"," "," "," "," ","#"," ","#"],
    ["#","#","#"," ","#"," "," ","#"," ","#","#","#"],
    ["#"," "," "," "," "," "," ","#"," ","#"," ","#"],
    ["#"," ","#"," ","#","#","#"," ","#"," ","#"],
    ["#"," "," "," ","#"," "," "," "," "," ","#"],
    ["#","#","#","#","#","#","#","#","#","#","#"]]


def espace_maze(y, x):
    # 調べる方向を用意します（下、右、上、左）。
    dx = [0, 1, 0, -1]
    dy = [1, 0, -1, 0]
    dID = 0
    count = 0
    # ゴールにたどり着くまでくり返し調べていきます。
    while maze_map[y][x] != "G":
        # mapに歩数を2桁の数字で書き込みます。
        maze_map[y][x] =  f"{count:02d}"
        count = count + 1
        # 1つ手前の方向から調べていきます。
        dID = (dID - 1) % 4
        for i in range(4):
            # 進める方向が壁でなければ進めます。
            p = maze_map[y + dy[dID]][x + dx[dID]]
            if p != "#":
                x += dx[dID]
                y += dy[dID]
                break
            # 調べる方向を次に進めます。
            dID = (dID + 1) % 4
    print("脱出", count,"歩")
```

▶続く

```
# 迷路の脱出ルートを見つけます。
maze_map[ey][ex] = "G"
espace_maze(sy, sx)
maze_map[sy][sx] = "S"

# 迷路の脱出ルートを表示します。
for i in maze_map:
    line = ""
    for j in i:
        # 2桁の数字にあわせて、1文字は2文字にします。
        if len(j)==1:
            j = j*2
        line += j + " "
    print(line)
```

結果！

```
脱出 34 歩
## ## ## ## ## ## ## ## ## ## ##
## SS 01 02 ##             ##
## ## ## 03 ##    ## ## ##    ##
## 06 07 08 ## 22 23 24 ##    ##
## ## ## 09 ## 21 ## 25 ## ## ##
## 12 11 18 19 20 ## 26 ##    ##
## 13 ## 17 ## ## ## 27 ##    ##
## 14 15 16 ## 30 31 32 33 GG ##
## ## ## ## ## ## ## ## ## ## ##
```

左上のスタート「SS」から、右下のゴール「GG」まで34歩で脱出できました。

ですが、「SS、01、02、03」の次が「08」になっています。これは左にある行き止まりの通路に「04、05、06」と進んでから、「07、08」と戻ってきて上書きしているからです。さらに「09」の次が「18」になっています。ここから左、下、右、上とループの無駄な移動をしてきて、「10」があった上に「18」と上書きしているためです。

このように無駄な移動をするため「最短路での脱出」にならない場合があります。

付録6

迷路探索アルゴリズム：幅優先探索法

分岐点に来たら、分身の術で手分けして探索する方法

迷路探索アルゴリズムには、「幅優先探索法」という方法もあります。

これは「右手法」と違い、もしゴールが外壁からつながっていない中央にあってもたどりつけます。また、無駄なルートを進まない「最短路」を見つけることができる探索方法です。

「幅優先探索法」の探索方法は、「ヘンゼルとグレーテルのパンくず」のように通った道に「ここはスタートから

何歩目か」という目印を残しながら進んで行きます。目印を残すことで、一度通った道を再び進んでループするようなことがなくなります。

さらにこの探索方法は、道の分岐点にきたときが特徴的です。

「深さ優先探索法」の場合は、「まず、どれか1つの道を行けるところまで調べてから、次の道を調べていく」という方法で行います。人間が迷路を解くときはこの方法で考えることが多いように思います。

ですが、「幅優先探索法」では「分身の術」を使って、分岐したそれぞれの道をほぼ同時に探索していきます。ほぼ同時に探索していくことで、どの道を進めば最初にゴールできるかを効率的に調べようとしているのです。

分岐したとき「とにかく深さを優先して探索する」のではなく、分岐して横に広がったそれぞれの道を幅と考え「幅を優先しながら探索する」ので、「幅優先探索法」といいます。

アルゴリズムのイメージ

「幅優先探索法」は、「分岐点に来たら、分身の術で手分けして探索する方法」です。
プログラムでは、迷路は2次元配列で作ります。この配列に「ここはスタートから何歩目か」という目印を残しながら進んで行きます。

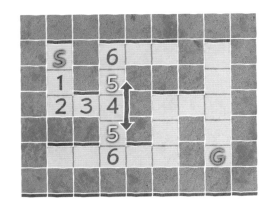

①「幅優先探索法」では、分身の術を使って分岐した道をほぼ同時に探索していくので、「道を調べてすぐに進む」という進み方はしません。まず「今いる位置から進める位置（壁でない位置）」を探して、一度「調べるリスト」に追加します。下に進める道があるときは「下の位置」を、右に進める右があるときは「右の位置」を追加します。②そして、追加した後で「調べるリスト」から取り出して進む処理を行う、というリストを使ったワンクッションのある進め方をします。

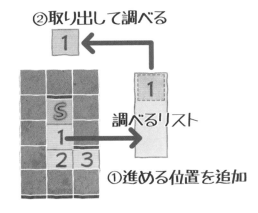

②取り出して調べる

調べるリスト

①進める位置を追加

分岐がない道を進んでいるときは、「進める位置」をリストに入れて、それをまたリストから取り出して、その位置を調べて進んでいくことになります。多少の手間になりますが、これは分岐が来たときに威力を発揮するためのしくみです。
②「進める位置」をリストから位置を取り出して調べたとき、そこがゴールなら探索は終了です。ですが、ゴールでなければ2次元配列に「ここはスタートから何歩目か」という目印を書き込み、①その位置から四方を調べて「進める位置」を探します。「壁」は進めませんし、「歩数が書かれてるところ」も進めません。まだ進んだことのない白紙のところを進んでいきます。それが右上の図の「1」〜「3」です。

次は、分岐する場合を考えてみましょう。「4」の位置で分岐します。③「4」の位置からは「上5」と「下5」に進めるので「調べるリスト」にこの2つの位置を追加します。④そして、リストの先頭から1つずつ取り出して順番に調べていきます。

⑤「上5」を取り出して調べると、「上5」からは「上6」にだけ進めるので「調べるリスト」に「上6」を追加します。次に「下5」を調べます。「下5」からは「下6」にだけ進めるので「下6」を追加します。

⑥次に「上6」を取り出して調べ、その次に「下6」を取り出して調べ、と続けていきます。このように分岐点では、「調べる位置」が複数「調べるリスト」にたくわえられることになります。それを先頭から1つずつ取り出して順番に調べていくことになるので、分岐したそれぞれの道を順番に調べていくことができるのです。

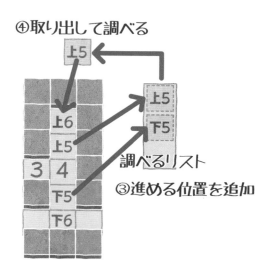

④取り出して調べる

調べるリスト

③進める位置を追加

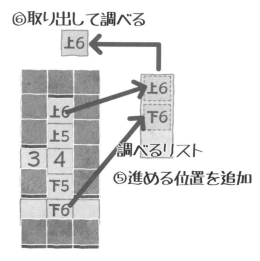

⑥取り出して調べる

調べるリスト

⑤進める位置を追加

これをくり返していくことで、最終的にゴールにたどり着きます。このとき、迷路に書かれた歩数を調べれば、「ゴールまでの道のり」と「ゴールまで最短何歩で到着できるか」がわかるというわけです。

この本のプログラムでは行っていませんが、ここから「最短路のルートを決定する」こともできます。ゴールから数が小さくなる方向へたどっていきます。道が分岐するところでも、数が小さくなるほうへ進んで行けば、「最短路のルート」を求めることができます。

プログラム

これを Python のプログラムで記述してみましょう。

Python で迷路探索する

入力
してみよう!

```python
import random

# 迷路の幅と高さ。スタートは左上、ゴールは右下です。
mapw, maph = 11, 9
sx, sy = 1, 1
ex, ey = mapw - 2, maph - 2
# 迷路のデータです。
maze_map = [
    ["#","#","#","#","#","#","#","#","#","#","#"],
    ["#"," "," "," "," ","#"," "," "," "," "," ","#"],
    ["#","#","#"," ","#"," ","#","#","#"," ","#"],
    ["#"," "," "," "," ","#"," "," "," ","#"," ","#"],
    ["#","#","#"," ","#"," ","#"," ","#","#","#"],
    ["#"," "," "," "," "," "," ","#"," ","#"," ","#"],
    ["#"," ","#"," ","#","#","#"," ","#"," ","#"],
    ["#"," "," "," ","#"," "," "," "," "," ","#"],
    ["#","#","#","#","#","#","#","#","#","#","#"]]


def espace_maze(x, y):
    # 調べる方向を用意します（下、右、上、左）。
    dx = [0, 1, 0, -1]
    dy = [1, 0, -1, 0]
    # 調べるリストに「スタート位置と歩数」を追加します。
    pos = [[x, y, 0]]
```

▶続く

250

```python
# 調べるリストがなくなるまでくり返します。
while len(pos) > 0:
    # 調べるリストの先頭から「位置と歩数」を取り出します。
    (x, y, steps) = pos.pop(0)
    # ゴールなら、そこまでの歩数を表示して終了します。
    if maze_map[y][x] == "G":
        print("脱出", steps,"歩")
        break
    # mapに歩数を2桁の数字で書き込みます。
    maze_map[y][x] = f"{steps:02d}"
    # 今いる位置から4方向に進めるかを調べます。
    for i in range(4):
        wx = x + dx[i]
        wy = y + dy[i]
        p = maze_map[wy][wx]
        # 進もうとする位置が、はじめて進む道かゴールなら
        if p == " " or p == "G":
            # 調べるリストに「進める位置と歩数」を追加します。
            pos.append([wx, wy, steps + 1])

# 迷路の脱出ルートを見つけます。
maze_map[ey][ex] = "G"
espace_maze(sy, sx)
maze_map[sy][sx] = "S"

# 迷路の脱出ルートを表示します。
for i in maze_map:
    line = ""
    for j in i:
        # 2桁の数字にあわせて、1文字は2文字にします。
        if len(j)==1:
            j = j*2
        line += j + " "
    print(line)
```

結果！

```
脱出 18 歩
## ## ## ## ## ## ## ## ## ## ##
## SS 01 02 ## 12 13 14 15 16 ##
## ## ## 03 ## 11 ## ## ## 17 ##
## 06 05 04 ## 10 11 12 ##    ##
## ## ## 05 ## 09 ## 13 ## ## ##
## 08 07 06 07 08 ## 14 ##    ##
## 09 ## 07 ## ## ## 15 ##    ##
## 10 09 08 ##    17 16 17 GG ##
## ## ## ## ## ## ## ## ## ## ##
```

「右手法」では回り道をしたので34歩かかっていましたが、「幅優先探索法」では、最短18歩でゴールできることがわかりました。

歩数をみると、「04」のところで左と下の2つに枝分かれし、「06」のところで左と下と右の3つに枝分かれしています。その枝分かれした先で行き止まりになったり、ループで衝突するとゴールに進めないので、そこで探索は中止しています。

「最短路のルート」は、ゴールから「17、16、15…」と数が小さくなるほうへ進んで行けば求めることができます。

最短路

```
脱出 18 歩
## ## ## ## ## ## ## ## ## ## ##
## SS 01 02 ##             ##
## ## ## 03 ##    ## ## ##    ##
##       04 ## 10 11 12 ##    ##
## ## ## 05 ## 09 ## 13 ## ## ##
##       06 07 08 ## 14 ##    ##
##    ##    ## ## ## 15 ##    ##
##       ##       16 17 GG ##
## ## ## ## ## ## ## ## ## ## ##
```

付録7
O記法（オーダーきほう）

アルゴリズムでは、「おおよその処理速度」を表すとき、O記法（オーダーきほう）という表現で書かれることがあります。

なぜ「おおよそ」かというと、アルゴリズムの処理速度は、扱うデータの中身によって速度が変わるからです。

例えば、「リニアサーチ」で値を探す場合、順番に値を探していくので、運がよければ1つ目で見つかってすぐ終わることもありますし、運が悪く最後まで見つからない場合もあります。アルゴリズムは同じでも、どんなデータで、どんな値を探すのか、によって処理速度は変わるのです。

ですが、「アルゴリズムのしくみ」に注目すると「おおよその処理速度」は考えることができます。

「リニアサーチ」の場合は、「データの数だけ、くり返し調べる」というしくみになっています。

「データの数だけ、くり返し調べる」ので、データの個数が2倍、3倍と増えていくと、調べる回数も2倍、3倍と増えていきます。このようなときは「O(n)」と表します。これがO記法です。

「n」がデータの個数を表していて、データの個数が増えると、それと「比例して」調べる回数も増えるので「O(n)」と表すのです。

「バブルソート」の場合では、「値を浮かび上がらせるくり返し」を「範囲を狭めながらくり返す」という2重のくり返しで並び替えていきます。この方法では、データの個数が2倍、3倍と増えていくと、調べる回数が4倍、9倍と「2乗に比例して」増えていくことになります。このようなときは「O($n2$)」と表します。

O記法によって、「おおよその処理速度」が速いか遅いかがわかるのです。

[速い] O(1) < O(logn) < O(n) < O(nlogn) < O(n1.25) < O(n2) [遅い]

各アルゴリズムのおおよその処理速度

- リニアサーチ：O(n)
- バイナリサーチ：O(logn)
- バブルソート、選択ソート、挿入ソート：O(n2)
- シェルソート：O(n1.25)
- クイックソート：O(nlogn)

※ちなみに、「選択ソート」や「挿入ソート」は、速くなる工夫がされていて、「バブルソート」よりは少し速く処理ができます。しかし「2重のくり返しで調べる」という基本的なしくみは同じなので「O(n2)」と表しています。

付録8
アルゴリズムの組み合わせ一覧

アルゴリズムは「いろいろなアルゴリズムの組み合わせ」でできています。

▼

どんな組み合わせで、どんなアルゴリズムができているか見てみましょう。実際には「アルゴリズムの組み合わせだけ」ではなく、そこに「新しいアイデアが加わること」で新しいアルゴリズムが生まれているのですが、それでも他のアルゴリズムを利用してできているのがわかって面白いですよ。

■ 3つの基本構造
p.054 [順次]：　　　上から順番に、実行する
p.054 [条件分岐]：もしも〜なら、実行する
p.055 [くり返し]：　同じ処理をくり返し、実行する

■ 簡単なアルゴリズム
p.065 [合計値]：　　　　　[くり返し] すべての値を足していく
p.074 [平均値]：　　　　　[合計値] を個数で割る
p.084 [最大値（最小値）]：[くり返し] 最大値（最小値）を探していく
p.093 [交換]：　　　　　　退避用変数を使って [順次] 値を入れ替えていく

■ サーチアルゴリズム
p.103 [リニアサーチ]：　[くり返し] すべての値を調べていく
p.115 [バイナリサーチ]：真ん中の値を調べて範囲を狭めることを [くり返し] ていく

■ ソートアルゴリズム
p.135 [バブルソート]：[くり返し][交換] して、浮かび上がらせていく
p.149 [選択ソート]：　[最小値] を見つけて [交換] することを [くり返し] ていく
p.165 [挿入ソート]：　[交換] して正しい位置に挿入することを [くり返し] ていく
p.182 [シェルソート]：小さいグループに [挿入ソート] を行い、だんだんグループを大きくしていくことを [くり返し] ていく
p.200 [クイックソート]：左右から基準値との比較を [くり返し] 行い、[交換] して大小2つのグループに分割することを [再帰的にくり返し] ていく

SAMPLE LIST

INDEX

Swift

VBA

PROFILE

森 巧尚 もり よしなお

パソコンが登場した『マイコンBASICマガジン』（電波新聞社）の時代からゲームを作り続けて、現在はコンテンツ制作や執筆活動を行い、関西学院大学、関西学院高等部、成安造形大学、大阪芸術大学で非常勤講師、プログラミングスクールコプリの講師などを行っている。

著書に『ゲーム作りで楽しく学ぶ Python のきほん』『楽しく学ぶ Unity2D 超入門講座』『楽しく学ぶ Unity3D 超入門講座』『作って学ぶ iPhone アプリの教科書〜人工知能アプリを作ってみよう！〜』（以上、マイナビ出版）、『Python1年生 第2版』『Python2年生 スクレイピングのしくみ』『Python2年生 データ分析のしくみ』『Python3年生 機械学習のしくみ』『Python自動化簡単レシピ』『Java1年生』『動かして学ぶ！ Vue.js 開発入門』（以上、翔泳社）、『そろそろ常識？ マンガでわかる「正規表現」』（シーアンドアール研究所）、『なるほど！ プログラミング 動かしながら学ぶ、コンピュータの仕組みとプログラミングの基本』（SB クリエイティブ）などがある。

まつむら まきお

マンガ家・イラストレーター
マンガ作品『ルナパーク』（青心社）、『いろいろあるのよ』（朝日新聞社）、『ビスキィの冒険』など。
『おしえて!! FLASH』など、パソコン関係の書籍イラスト、記事を多く手がける。
成安造形大学イラストレーション領域教授。

STAFF

執筆：森 巧尚
本文・カバーイラスト：まつむら まきお
ブックデザイン：岩本 美奈子
DTP：中嶋 かをり（N&Iシステムコンサルティング株式会社）
編集：角竹 輝紀

アルゴリズムとプログラミングの図鑑【第2版】

2022年10月25日　初版第1刷発行

　　　　著者　森 巧尚
　　　発行者　滝口 直樹
　　　発行所　株式会社 マイナビ出版
　　　　　　　〒101-0003　東京都千代田区一ツ橋2-6-3 一ツ橋ビル 2F
　　　　　　　☎0480-38-6872（注文専用ダイヤル）
　　　　　　　☎03-3556-2731（販売）
　　　　　　　☎03-3556-2736（編集）
　　　　　　　E-Mail：pc-books@mynavi.jp
　　　　　　　URL：https://book.mynavi.jp
　印刷・製本　株式会社ルナテック